Green
Racing

그린 레이싱

제조 강국, 그 에너지 서사

그린 레이싱

초판 1쇄 발행 2023. 04
지은이 김창섭
발행인 이아영
편집인 윤철오
디자인 황혜진
인쇄 SDWork

주소 : 서울특별시 서초구 남부 순환로 2311-12 아트힐 102-801
전화 : 02-525-1209
발행처 : 세상의 책
출판 신고일 : 2018. 11. 29
홈페이지 : www.theworldbooks.co.kr

오늘, 내일 (Le monde d'hiver) 이슈 시리즈
Green Version 2.0

Green Racing

그린 레이싱

제조강국, 그 에너지 서사

김창섭 지음

도서
출판 세상의 책

들어가며

 우리는 지난 60년간의 노력으로 선진국이 되었다. 1962년부터 시작된 공업 입국의 꿈을 실현한 것이다. 민주화도 동시에. 지난 인류 역사상 이러한 성공은 기적에 가깝다고들 이야기하고 있다. 그리고 세계화와 디지털화를 이루며 어느 날 일어나보니 선진국에 있는 것이다. 자동차, 반도체, 조선뿐만 아니라 BTS, 영화, 음악 등 문화예술 분야에서도 우리는 꿈을 이루고 있다. 게다가 K9 자주포, K2 탱크와 FA50 전투기까지 유럽을 포함한 전 세계에 팔고 있다. 아직도 실감이 나지 않지만 놀라운 일임에 분명하다. 그러나 글로벌라이제이션, 유가 안정성 등 우리나라에 상당히 우호적이었던 국제적인 외부 여건이 변화하고 있다. 우리 내부도 발전소, 전력망 등 인프라 구축의 입지 포화와 다양한 갈등의 심화로 우리의 경쟁력이었던 애국심과 '빨리빨리' 문화가 바뀌고 있다. 즉 우리의 성공 방식이 위협받고 있는 것이다. 그런 측면에서 '우리의 성공과 부가 앞으로도 유지될 것인가?' 이 점이 제일 궁금하다. 우리에게 어떤 위기가 기다리고 있는가? 우리는 그것을 극복할 수 있는가? 어떤 공감이 필요한가?

필자는 지난 2009년에 졸저 '그린 패러다임'을 통해 기후변화와 에너지를 주제로 이야기를 풀어본 바 있다. 당시에는 에너지담론과 환경담론이 팽팽하게 마주보며 논쟁을 하던 시기였다. 에너지계에 몸담고 있던 필자는 향후 환경 특히 기후이슈가 에너지시스템에 상당한 영향력을 발휘할 것이라고 보았다. 그러므로 오히려 에너지계가 선제적으로 환경과 기후이슈를 수용하여 에너지시스템을 혁신하는 것이 좋겠다는 바람을 보여준 바 있다. 또한 사실 대한민국은 공업입국의 과정에서 산림녹화나 그린벨트와 같은 환경적 성취도 함께 한 역사가 있음을 설명하고자 하였다. 따라서 에너지와 환경의 보다 전향적인 연대 필요성을 강조하고자 한 것이다.

그런데 불과 십여년이 지난 이 시점에서 환경과 기후이슈는 이미 기존의 에너지담론을 주도하는 것은 물론이고 제조산업에 직접적인 영향을 미치는 상황에 이르고 있다. 그린 패러다임을 쓰던 시기가 '담론적 시기'였다면 지금은 국가의 제조업의 생존을 결정하는 '실전적 시기'로 진화한 것이다. 즉 에너지와 환경을 넘어서 국가 전체로 확장되어 전 세계가 에너지안보와 기후변화를 중심으로 격변을 하고 있다. 부존 자원이 거의 없는 우리나라는 인류역사상 최고의 에너지고밀도 사회를 구축하였다. 제조강국으로 크게 성공을 하였으나 모래위에 성인 것이다. 게다가 정치권이나 정부나 국민이나 위기의식이 부족하다. 필자는 이 점을 이야기하고자 한다.

이미 전 세계는 기후에 대응하기 위한 에너지 혁신기술 확보와 제조 역량의 선점을 위한 치열한 경쟁에 돌입해 있다. 거기에는 WTO나 자유무역과 같은 과거의 덕목은 존재하지 않는다. 오직 자국의 이익만이 존재한다. 누가 먼저 그러한 혁신의 목표를 쟁취할 것인가의 경쟁에 돌입한 것이다. 장거리 마라톤이 아니라 전력을 기울이는 단거리 경주이다. 그만큼 혁신의 속도가 빠르고 국가단위의 경쟁이다. 그래서 필자는 그 경쟁을 현재진행형으로 '그린 레이싱'이라 칭하고자 한다. 그린 레이싱은 개별 국가가 총력을 기울이는 국부를 걸고 하는 경주이고 현재 진행중이다. 먼저 목표에 도착하는 자가 부를 선취하는 게임이다. 대한민국의 선택은 무엇인가?

이러한 문제의식하에 우리나라가 지금까지 성취한 나름의 성공과 우리에게 닥쳐오는 위기들도 살펴보고자 한다. 필자는 그 중에서도 제조업, 환경 그리고 에너지의 상관성에 주목하였다. 공학박사이기에 금융이나 무역 등의 거시적 안목이 부족하지만 30여년의 현장경험을 토대로 나름의 가설을 설정하여 설명하고자 한다. 구두장사는 구두만 보게되듯 필자도 불가피하게 에너지를 통하여 세상을 바라보는 한계가 있을 것이다. 그러나 그린 레이싱이 향후 대한민국의 성취와 성공을 유지하고 발전시키는 관건이라는 확신이 있다. 필자의 이야기를 시작한다.

대한민국의 이야기를 하자면 우리는 지난 60여년의 치열한 노력으로 선진국이 되었다. 우리의 성공의 원천은 무엇일까? 단연코 제조역량이라고 할 수 있다. 농업이나 금융 분야 등도 앞으로 성장 가능성이 크겠지만 아직은 우리의 주력산업은 제조업 분야임에 분명하다. 이는 대한민국이 60년 전에 결정한 노선이었다. 우리는 1962년 1월 13일 제1차 경제개발 5개년계획을 발표하면서 공업 입국의 길을 시작하였다. 많은 논쟁과 시대적 갈등이 있었지만 개발독재의 시기를 거치면서 중화학공업의 정책 목표를 달성한다. 이것은 엄연한 사실이다. 그리고 이를 기반으로 반도체 등 고부가가치의 산업화를 성취하였다. 거기에 스포츠나 문화 부문에서의 놀라운 낭보들은 더욱 우리를 흥분시킨다. 1962년 당시 한국은 전쟁으로 모든 것이 허물어진 비참한 농업국가였다는 것을 생각해보면 지난 60년은 분명 '영웅시대'였다.

한편 우리가 간과하고 있는 점이 있다. 제조업의 성공에는 효율적인 에너지정책이 자리하고 있다는 것이다. 이 둘은 모두 1962년에 함께 시작되었다. 1962년 봄 대한민국은 제1차 장기전원개발계획을 발표하여 5개년계획에 소요되는 에너지의 조달을 위한 조치를 선제적으로 시작하였다. 대한민국의 부국강병 이야기는 이들 중화학공업의 신화와 성실한 에너지정책의 조화에 의하여 실현된 것이다. 그 결과 우리는 자원 빈국임에도 인류 역사상 최고밀도 에너지사회를 구축했다. 그리고 제조역량을 극대화하면서도 그 와중에 우리나라는 자연과 환경에 대한 배려를 세심히 챙기고 있었다. 50년대, 60년대의 우리나라 영화를 보면 배경에 보이는 산들은 대부분 민둥산이었다. 그러나 우리는 한 그루 한 그루 나무를 심어서 현재의 푸르른 산들을 만들었다. 어린 시절 식목일에는 전 학생과 직장인들이 동원되어 묘목을 심었고 때가 되면 송충이를 잡으러 출동하곤 했다. 또한 그린벨트와 같은 표심에 역행하는 정책도 상당 기간 유지하면서 자연을 보호한 바 있다. 우리는 그린화의 경험도 갖고 있는 것이다. 역시 대단한 나라임에 분명하다. 혁신의 정신을 가진 다이나믹 코리아임에 분명하다.

그러나 여건은 크게 바뀌어 새로운 위기가 대두되고 있다. 자유무역의 퇴색, 미·중 간의 갈등으로 대변되는 공급망 재편 등은 수출입국의 제조국가인 우리에게는 불안한 상황이다. 게다가 기후변회에 대응하기 위하여 각종 규제가 발생하기 시작하였다. 우리 인류는 이제 그동안 익숙했던 에너지체계를 근본적으로 수정해야 하며, 이는 막대한 비용이 수반됨과 동시에 에너지의 안정적 수급도 불안해질 가능성이 크다. 특히 에너지 자원 빈국이면서 에너지 다소비산업을 갖고 있는 우리에게 너무나 심각한 도전이다. 이러한 위기는 국지적인 것이 아니라 전 세계에 걸친 것이다. 이는 크고 작은 분쟁을 유발하면서 본격적으로 시작될 것이다. 영화 〈투모로우〉에 나오듯 미래에 살 수 있는 땅을 차지하기 위한 국가 간의 싸움으로 확장될 수도 있다.

이러한 눈앞의 명백한 위기를 극복하기 위한 준비가 필요하다. 그래야 우리의 부와 안전을 오랫동안 도모할 수 있다. 그러나 지금 우리는 적절히 대응하지 못하고 있다. 왜냐하면 우리 개개인은 이미 고단한 일상 속에서 하루하루 분주히 오늘의 위기를 극복하기 위하여 분투 중이기 때문이다. 우리는 지난 시기의 방식을 여전히 고수하며 하루하루를 버티고 있는 것이다. 그 와중에 그 위기는 점점 더 증폭되고 있는 것이다. 이러한 위기에 개개인 차원에서의 대응은 한계가 분명하다. 공동체 전체가 함께 나서야 한다. 그러나 현재와 같은 정쟁과 갈등에 휩쓸린 정치적 상황을 볼 때 지극히 우려된다. 우리에게 개인의 삶과 공동체의 삶이 운명공동체라는 과거 개발독재 시절의 강압된 애국심에 대하여 다시 한번 생각해보게 된다. 그러나 선진국에 이른 우리의 수준에 적합한 새로운 리더십이 더욱 아쉬운 상황이다. 분명한 것은 개개인으로는 이 위기를 극복할 수 없다. 추락할 땐 날개가 없다.

물론 아마도 영화의 속편에서는 제2의 텍사스 전쟁이 발생했을 수 있다고 짐작해보지만. 하여간 기후변화로 전반적으로 힘들어지겠지만 공멸을 의미하지 않는다는 점은 분명히 해야 한다. 아주 옛날 기후변화로 인하여 아프리카에 머물며 살던 호모 사피엔스가 전 세계로 퍼져 나가서 절대적 우세종이 되었다는 점은 시사점이 있다. 누군가는 루저가 되고 누군가는 위너가 되는 혼란의 시대에 돌입하는 것이다. 우리나라는 과연 어디로 갈 것인가.

물론 우리 대다수의 시민들도 기후변화에 대해 다양한 시각으로 진지한 논의를 하고는 있다. 그 중 일부는 북극곰이나 지구환경 전체를 걱정하고 있다. 필자는 단 한 번도 북극곰을 걱정해본 적이 없다. 그리고 막상 가이아도 일부 인간들이 자신에 대해 우려하는 소리를 들으면 의아해할 것이다. 가이아의 입장에서는 대량생산·소비의 자본주의를 영위하는 인류는 석유를 채굴한답시고 자신의 몸에 구멍을 내서 귀찮게 하는 흰개미와 같은 존재일 것이다. 따라서 기후변화로 인류가 고통을 받으며 골탕을 먹는 것에 시원해할 가능성이 크다. 이미 지구촌 곳곳에서 이상기온 현상이 발생하면서 기후대응은 본격화되고 있다. 이제 기후대응은 실전으로 접어들고 있다. 누구의 이익을 우선할 것인지에 대한 현실적이고 새로운 판단이 필요하다. 남 걱정할 상황이 아니라는 것이다. 필자는 당연히 대한민국의 이익부터 챙겨야 한다고 본다. 국익이 우선이다. 그리고 그것이 최종적으로는 우리 국민 개개인에게도 이익이 될 것이고 또한 가이아에게도 옳다.

사실 이미 전 세계 국가들은 인류나 북극곰이 아닌 국익을 두고 살벌한 경쟁을 새롭게 시작하고 있다. RE100이나 CBAM과 같은 기후 관련 글로벌 규제도 더욱 강화되고 있다. 그러나 미국이 IRA법을 제정하면서 상황은 더욱 강화되기 시작하였다. 이는 미국이 기후에 대응하면서도 동시에 전 세계의 기후 관련 공장들을 미국 내로 이동시키기 위한 노력이다. 유럽은 WTO 정신의 위배라고 주장하며 반대하였으나 그들도 역시 동일한 법 제정으로 대응하고 있다. 경쟁은 더욱 강화되고 있다. 누가 더 빠르게 그린으로 재무장하고 제조공장과 일자리를 유치할 것인가의 전쟁이 시작된 것이다. 이를 '그린 레이싱'이라고 한다. '그린 레이스'라는 용어가 흔히 사용되고 있지는 않지만 현재 상황에서 매우 적절한 표현이라고 생각한다. 다만 필자는 이것이 현재 치열하게 진행 중이라는 의미에서 그린 레이스가 아닌 '그린 레이스ing', 즉 '그린 레이싱'이라고 칭하고자 한다.

이제 1부에서 5부에 걸쳐 이러한 이야기들을 좀 더 구체적으로 알아보는 시간을 갖는다. 우리가 어떤 성취를 하였는지, 그리고 어떤 위기를 앞두고 있는지를 알아보자. 그리고 이 위기에 대응하는 데 가장 심각한 내부의 적이 무엇인지도 살펴보고자 한다. 그리고 그 위기에 대응하기 위한 아주 기본적인 대응방안도 고찰해보고자 한다. 특히 앞으로 한국 경제의 지속가능한 성장을 꿈꾸며 위기를 기회로 바꾸기 위하여, 특히 에너지계가 어떻게 변화해야 하는지 살펴보고자 한다. 에너지정책이 산업정책과 어떻게 융합할 것인지에 대한 논의도 필요하다. 이제 하나씩 살펴본다.

목 차

제1부

에너지는 아주 오래전부터 우리와 함께하였다.

　태고에 프로메테우스가 인간에게 불, 즉 에너지를 전해주면서 문명 발전이 시작되었다. 화식을 통해 뇌도 커지고, 청동기와 철기시대를 지나 산업혁명을 일으킨 원천이었고 드디어 자본주의가 시작된 것이다. 모든 것이 에너지에서 시작된 것이라고 해도 무방하다. 이 에너지를 인간들이 사용하면서 급기야 지구 대기의 조성까지도 바꾸는 지경에 이른 것이다. 물론 지구 대기 조성은 끊임없이 변화해왔다. 그러나 지금처럼 급격한 변화는 45억 년 지구 역사에서 아마도 소행성 충돌 말고는 처음이지 않을까 생각된다.

　에너지는 오랜 세월에 걸쳐서 인류의 삶을 개선시킨 것임에 분명하다. 에너지원은 다양하다. 대부분 태양과 지구의 합작에 의하여, 그리고 가이아의 보살핌 덕분에 유용한 자원으로 활용된 것이다. 석탄, 석유, 가스, 태양광, 풍력 등 다양한 에너지원을 활용하여 지금의 어마어마한 문명을 만들어온 것이다. 게다가 아무 자원도 없는 대한민국은 세계 최고 고밀도의 에너지사회를 구축하였다. 단군 할아버지가 보시면 뭐라 하실지 궁금하다. 하지만 석유 수송로가 막히면 바로 망해버릴 수도 있는 위태한 성취이기도 하다. 우리는 우리의 성취가 얼마나 대범했으며 대단한지도 알아야겠지만 얼마나 위태위태한 것인지도 잘 알아야 한다. 그에 비하면 우리는 에너지에 대한 국민적 이해나 공감대가 부족한 것이 사실이다.

그래서 우리와 비슷한 처지인 일본은 에너지안보에 대해서는 모든 정책의 가장 중요한 우선순위로 설정하는 것에 유념해야 한다. 태평양전쟁도 미국의 석유 금수 조치에서 시작된 것임을 유념해볼 필요가 있다. 우리가 의존하고 있는 그리드 에너지들(전기, 가스, 열 등)은 언제든지 중단될 수 있다. 정전이 발생하는 상황을 생각해보라. 도시민들은 초기에 다소의 불편함을 경험하게 되겠지만 며칠만 지나면 일상이 파괴되고 생존의 위기에 빠지게 된다는 것을 실감하게 될 것이다. 현대의 바벨탑이 무너지는 과정은 성경의 바벨탑에서의 언어 혼란의 고통에 비하여 훨씬 무서운 결과를 낳게 될 것이다. 에너지는 단순히 미세먼지나 기후변화로 인류에게 고통을 주는 것이 아니라 지금 당장이라도 인간들의 일상을 파괴할 위력을 갖는 폭탄이기도 하다. 그래서 신들이 프로메테우스의 행위를 벌하였을 개연성이 있다.

우리는 에너지가 무엇인지 알아볼 필요가 있다. 그리고 우리나라의 에너지의 역사도 일별해보자. 그래야 우리가 감당해야 하는 앞으로의 국가적 과제가 보다 더 선명하게 이해될 것이기 때문이다. 지금까지 에너지정책은 어느 나라보다 훌륭했기 때문에 우리 소비자들은 에너지가 공기와 같은 자연스런 소산이라는 인식이 있다. 그러나 그렇지 않다. 우리나라는 에너지자원이 사실상 전무하면서도 세계 최고의 에너지 대식가이다. 한 시대의 강점이 그 다음 시대의 약점으로 작동한다. 지금 우리가 그러하다.

몇 시간의 정전도 감내하지 못하는 우리 소비자들에겐 특히 감당하기 어려운 고난의 시기가 발생할 수도 있다. 최저의 에너지비용으로 최고의 에너지 서비스를 당연하게 받아들여서는 곤란하다. 이명박 정부 시절이 그 유명한 915 대정전도 사실 정전이 아니라 사전예고 없는 순환단전으로 다른 나라에서는 기삿거리도 안 되는 사안이었다. 그러나 그 소소한 사건으로 중앙정부와 유관기관의 관계자는 유례없는 수준의 문책을 당하였다. 그만큼 에너지는 천부의 권리가 되어 있는 것이다. 그러니 정치인들이 에너지요금 인상을 극도로 싫어하는 것은 일면 타당해보인다. 이제 그런 호사스러운 시기는 지나갔다. 그러나 누구도 그러한 불편한 사실을 소비자들에게 이야기하지 않는다. 포퓰리즘이 판치는 시대에 이러한 진실은 표를 갉아먹는 자해행위로 받아들이는 것 같다. 그러나 이제 발전소도 송전탑도 변전소도 쓰레기장도 짓기 어려운 시대에 살고 있다. 원전의 필요성을 강조하지만 정작 핵 폐기물의 최종 처분에 대한 논의는 피하고자 한다. 결국 인프라의 부족으로 인하여 우리의 양질의 에너지 서비스는 중단될 것이다. 이미 동해안에 건설된 발전소는 정상 가동이 요원한 지경이다. 게다가 미세먼지나 기후대응으로 이러한 에너지 시스템의 전반적인 변경도 불가피하다. 좋은 시대가 지나간 것이다.

이제 에너지에 대한 일반적인 이야기와 우리나라의 에너지에 대한 기억들을 공유하고자 한다. 우리가 얼마나 훌륭하게 에너지를 구축해 왔는지 알아야 한다. 자부심을 느낄만하다. 그리고 그것들이 기후 이슈와 어떻게 연동되어 있는지에 대한 이해도 필요하다. 아는 만큼 행동할 수 있기 때문이다. 향후 기후대응을 위하여 반드시 알아야 한다. 그리고 우리의 생존을 위하여도.

제1장 에너지란? 아주 오랜 이야기이다.

누구나 알다시피 아주 오래전 프로메테우스가 인간들에게 불을 몰래 주었고 그 이후 인간들은 막강해졌다. 호모 사피엔스와 네안데르탈인은 불을 이용하여 고기를 구워 먹으면서 소화력이 좋아지고 그 결과 뇌가 발달하게 되었다고 한다. 그리고 호모 사피엔스는 그 불을 이용하여 청동기와 철기를 만들게 된다. 인류가 드디어 명실상부 지구의 절대강자가 된 것이다. 그 불을 우리는 에너지라고 한다.

인간들은 1800년대 영국에서 에너지를 다르게 사용하기 시작하였다. 석탄이라는 더 농축된 에너지 덩어리를 증기기관이라는 통 속에 넣어서 불을 붙여서 사용하기 시작한 것이다. 이제 인류는 과거의 지표면의 땔감 수준이 아니라 그 땔감이 수억 년 동안 땅속에서 고도로 농축된 연료를 사용하게 된 것이다. 그에 따라 인류는 막대한 에너지를 순간적으로 활용하여 막대한 상품(당시에는 옷)을 생산하게 된 것이다. 사회학에서는 이를 '생산력'이라고 부른다. 농민들은 순간적으로 그 옷을 소비하고 동시에 공장에 취업하여 다시 그 옷을 생산하기 시작하였다. 그런데 더 이상 옷을 팔 곳이 없어지자 자본가들은 그 옷을 외국에 강제로 팔기 시작하였다. 그것이 바로 산업혁명이고 자본주의이고 제국주의인 것이다. 이 모든 것들은 고농축 에너지를 활용하는 기술 덕분이다.

에너지는 사전적으로는 "일을 할 수 있는 능력"으로 정의되어 있다. 우리는 이 에너지를 휘발유와 경유는 주유소에서 사고, 냉장고를 운용하기 위하여 한전으로부터 전기에너지를 구입하며, 이마트에서 건전지를 구입한다. 그리고 우리 몸을 운용하기 위하여 라면을 사기도 한다. 우리는 에너지 없이는 하루도 버티기 어렵다. 예전과 다르다면 우리는 모든 에너지를 시장에서 사야 한다는 것이다. 라면이건 휘발유건 전기나 건전지이건 모두.

이러한 에너지자원은 기본적으로 자연에서 비롯된다. 가장 오래된 에너지인 땔감을 포함하여 석탄과 석유 역시 자연으로부터 얻어진다. 태양신과 가이아의 합작품인 것이다. 다만 차이는 가이아가 얼마나 오랫동안 품에 안고 있었는가, 그리고 그에 따라 얼마나 단위부피당 에너지의 농축이 시현되었는가의 차이가 있을 뿐이다. 그리고 풍력은 바람의 아들이고, 조력은 파도의 아들이고, 태양광은 태양의 아들이다. 물론 농축되지 않은 순 유기농의 날것의 에너지이다. 그런데 자연이 만들어주지 않은 에너지가 있다. 바로 원자력에너지이다. 그래서 일부 종교계는 자연의 이치를 거스른 것으로 불경스럽게 보는 시각도 있다. 그러나 그 원재료인 우라늄도 대부분 가이아가 제공한 것이라는 사실을 감안할 필요는 있다. 다만 그 폐기물이 무지하게 오랫동안 더럽고 위험하다는 것은 명백하다. 물론 석탄과 석유 역시 지구를 더럽히고 제6차 대멸종의 원인으로 작동하고 있는 것도 사실이긴 하다. 도무지 편안한 에너지는 없는 것이다.

그리고 최근 전 세계에서 각광받고 있는 컬러풀한 수소에너지는 불가피한 선택지로서 논의되고 있다. 필자의 생각으로는 우리나라는 특히 수소에너지에 목을 매야 한다. 한 마디로 전기차는 수소차에 비하여 힘이 달린다. 수소는 에너지밀도가 높아서 중화학공업에 친화적이다. 국방에서도 야전의 모빌리티는 불가피하게 수소에너지에 기반해야 한다. 한편 또 다른 옵션인 핵융합에너지의 경우도 만약 상업적으로 가능하다면 돌파(breakthrough)기술이 될 것이다. 최근 빠른 진화를 보이므로 한번 기대를 가져볼 만하다. 이와 같이 에너지는 이제 인간의 기술력으로 재장출되는 새로운 국면에 있다. 오랫동안 독수리에게 간을 쪼였던 프로메테우스가 이 모습을 보면 뭐라고 할지 궁금하다. 아마도 이 지경까지는 생각하지 못했을 것 같다. 필자의 짐작으로는 이제 프로메테우스는 인간으로부터 다시 불을 빼앗아갈 궁리를 하고 있을 듯하다. 아니면 인간을 만든 자신을 스스로 탓하고 있을지도 모른다.

물론 우리 인류는 에너지 고갈이나 기후변화에서 오는 위기들을 극복할 것이라고 믿는다. 우리 호모속들은 특별한 기술이나 정부 조직

없이 그 추운 빙기를 극복한 종들이다. 게다가 우리 호모 사피엔스는 근육질의 네안데르탈인도 이겼다. 위기에 강한 종인 것이다. 위기라는 것은 과거부터 지금까지 항상 있었다. 그런데 우리는 수십 년 후의 인류에게 올 것이라고 과학자들이 주장하는 그 기후위기를 실감할 수 있을까? 사실 그러기에는 우리는 내일과 다음 주에 발생할 골치 아픈 '일상의 위기'에 집중할 수밖에 없다. 그래서 기후대응은 지난 30년간 지속적으로 실패하고 있다. 그러나 어쩌면 그러한 눈앞에 존재하는 위기에 고도로 집중하는 능력으로 우리는 그 춥고 위험했던 빙기를 극복했을 것이다. 그리고 우리 호모 사피인스는 네안데르탈인을 이겨냈을 것이다. 눈앞의 위기에 집중했던 그 경쟁력은 여전히 우리 DNA에 살아있다고 봐야 한다.

제2장 에너지는 다양하고 사연도 많다.

석탄 이야기를 간략히 해보자면 수억 년 전 지구가 온실가스로 따뜻해진 시기에 지구의 식물들은 최적의 광합성의 기쁨을 누리며 온 지구가 거대한 나무로 가득 차 있었다. 석탄기라고 하던가? 그 이후 이 거대 나무들은 땅에 파묻히게 되고 가이아는 소중히 이들을 감수하며 서서히 석탄으로 바꾸어버린다. 완전 고농축의 에너지 덩어리가 된 것이다. 지구 어디에나 비교적 공평하게 분포되어 있다.

석탄 덩어리는 인간들이 오래전부터 연료로 사용하고 있었다. 그러다가 1705년 영국에서 토마스 뉴커먼과 1769년 제임스 와트가 증기기관을 개발하면서 산업혁명을 촉발하였다. 석탄의 재발견이라고 할까? 이로써 인류는 대량생산의 시대를 열었다. 그리고 바로 그 유명한 런던포그가 발생하여 끔찍한 환경 참사를 겪게 된다. 요즘으로 말하자면 미세먼지 문제인데 그 독성은 비교하기 어려울 정도로 당시의 런던은 위험했었다. 인류는 이미 에너지와 환경 간의 부조화를 처음부터 알고 있었다는 것이 새삼 신기하다. 석탄은 근본적으로 이산화탄소를 어마어마하게 방출한다. 현재도 미세먼지나 기후변화에 대하여 최대의 공적은 석탄 혹은 석탄발전이라고 할 수 있다. 지금은 기후대응의 주적으로서 환경단체들이 제일 증오하는 에너지이다.

그러나 수억 년 동안 가이아 품에서 편하게 쉬고 있던 석탄 입장에서는 너무나 억울한 지경임에 분명하다. 나사(NASA)는 곧 도래할 것으로 예상되는 빙기에 대항하여 현재의 간빙기 시기를 더 유지하고자 인위적으로 온실가스를 방출하려는 연구를 수행한 바 있다. 전 세계의 석탄을 다 태우면 그것이 가능할 것이라는 연구 결과를 도출하였다. 인류의 혜안과 지혜는 이 정도에 불과하다.

이제 석유 이야기를 해보자. 이 석유는 석탄에 비하여 원재료에 대해 명확하지는 않다. 누구는 유공층이 퇴적된 것이라고도 하고 누구는 플랑크톤 사체 덩어리의 변신이라고도 한다. 그러나 퇴적된 유기물 덩어리들을 가이아가 오랜 시간 품어서 생긴 것이라는 점은 분명하다. 그런 면에서 석탄과 형제쯤 되는 사이이고, 그래서 아마도 화석 연료로 통칭되는 듯하다. 석유는 성경에 역청이라고 소개되고 있다. 이것도 오래전부터 사용은 되어왔다. 그러다가 증기기관의 석탄을 대신하여 사용하게 되면서 엄청난 활약을 하게 된다. 대영제국의 영광은 해군 장관이던 처칠이 석탄 군함을 중유 군함으로 바꾸면서 본격화되었다는 설도 있다. 석유는 석탄보다 더 우월한 측면이 있다. 좋은 측면과 나쁜 측면 공히.

석유는 '악마의 눈물'이라고도 불린다. 왜일까? 석탄과 달리 석유는 특정 국가에 분포되어 있고 이로 인하여 갈등과 전쟁이 빈번해졌다. 그래서 지정학이라는 학문이 더욱 발전하게 된 것이다. 특히 석유는 단순히 에너지가 아니라 원료로서도 엄청난 역할을 수행한다. 우리가 입고 있는 옷은 대부분 석유로 만들어진다. 비단, 가죽옷, 면옷이 아니면 대부분 옷은 석유로 만든다. 지금 당장 마술사가 석유옷을 없애면 우리는 대부분 발가벗고 있을 것임에 분명하다. 그리고 뿐만 아니라 플라스틱, 비닐 등도 모두 석유제품이다. 예전에 사우디의 석유장관이 "석기시대가 돌멩이가 부족해져서 사라진 것이 아니다"라는 명언을 남겼고, 또 영국의 BP가 회사 이름을 Beyond Petrolium이라고 달리 불렀지만 지금 이 세대는 누가 뭐라 해도 분명한 석유문명시대이다. 불과 10년 전만 해도 오일 피크 이론[1] 이 가장 핫한 것이었지만 이제는 누구도 석유자원이 바닥날 것이라는 우려를 표하지는 않는다. 다시 말하지만 지금은 석유문명시대이고 앞으로도 상당 기간 우리는 석유문명에서 빗어나지 못할 것이다. 그런데 이상하게 기후위기론자들은 석탄은 강력하게 비난하면서 석유에 대해서는 이야기가 적다.

화석연료 기반의 증기기관은 영국이 시작하였지만 전기에너지는 미국이 시작하였다. 1879년 백열전구를 개발한 이후 1882년 에디슨은 처음으로 백열전구와 발전기의 조합으로 월가에서 상업용 전기를 판매하기 시작하면서 전기의 시대가 열렸다. 우리나라도 1887년 경복

---

1) 석유 생산량이 최고점을 찍은 후 점차 감소하여 전 세계적으로 대규모 경제 공황이 도래할 것이라는 이론으로, 1956년 미국의 지질학자 킹 허버트가 처음 주장했다.

궁에 발전설비를 장착하고 백열전구를 밝혔다. 아시아에서는 최초였다고 한다. 하여간 이와 같이 동네동네에서 시작된 전기 공급은 상호 연계하면서 폭발적으로 수요를 창출하기 시작하여 본격적인 송전·배전망을 구성하면서 발전한다. 우리나라도 전기에너지로 보다 더 정교한 제어를 할 수 있는 대량생산능력을 확보하면서 또다시 발전한다. 특히 전기에너지로 인하여 밤을 낮처럼 사용하게 되었고, 세탁기로 인하여 여성들의 가사 부담이 대폭 줄어 여권 상승의 밑동력이 되었다. 특히 반도체와 컴퓨터의 출현으로 인류는 4차 산업혁명을 시작한다. 하여간 전기에너지는 인간을 힘만 센 것이 아니라 머리도 좋게 만들어주었다.

전기에너지와 유사하지만 완전히 속성이 다른 에너지가 출현하는데 바로 원자력에너지이다. 이 원자력은 당초부터 원자폭탄을 염두에 두고 개발된 것으로서 태생이 종교인들이 싫어할 만하긴 하다. 이러한 원자폭탄의 연쇄반응을 천천히 조절하여 그 열을 활용하는 것이 원자력발전이다. 한때는 인류에게 무궁한 에너지를 공급할 것이라는 낙관론을 제공하기도 하였다. 그러나 후쿠시마 폭발과 같은 위험 말고도 사용후핵연료의 영구 처분 문제는 아직도 인류에게, 그리고 우리 대한민국에게 남아있는 큰 골칫덩어리이다. 우리가 간과하는 이야기가 있다. 대한민국 수립 이후 최초의 에너지정책은 바로 원자력이었다는 사실이다. 이승만 대통령이 1956년 2월 3일 추진한 한미원자력협정

(정식명칭은 '원자력의 비군사적 사용에 관한 대한민국 정부와 미합중국 정부 간의 협력을 위한 협정')이 그것이다. 우리의 원전의 역사는 그만큼 오래된 것이다.

막내지만 최근 가장 각광을 받고 있는 에너지가 바로 재생에너지, 즉 태양광에너지와 풍력에너지이다. 형님 격인 화석연료와 같이 태양이 원동력이지만 가이아가 오래 품어주지 않은 상태여서 자연 그대로의 무농축 에너지이다. 지난 십수 년간 국제적으로는 투자가 가장 많고 증가 속도도 가장 빠른 차세대에너지이다. 그런데 다만 우리나라와 같은 고밀도 에너지를 먹고사는 입장에서는 칼로리가 절대적으로 적은 유기농 에너지에 해당된다. 강호동이 풀만으로 살아야 하는 격인 것이다.

마지막으로 최근 가장 뜨겁게 소개되는 에너지는 바로 수소에너지이다. 엄밀하게 말하자면 전기에너지가 기존 에너지의 **2차측 전환물**인 것처럼 수소에너지도 전환된 에너지이다. 게다가 수소에너지를 만드는 방식은 매우 다양하다. 탈탄소를 지향하면서 막대한 에너지를 조달할 수 있는 방식은 결국 수소에너지사회로 이전하는 수밖에 없다고 필자는 강조하고자 한다.

수소는 우주에서 가장 많은 원소이다. 태양도 주로 수소로 구성된 것으로, 수소와 수소가 결합하여 헬륨으로 전환되며 막대한 에너지가 방출된다. 이것이 바로 핵융합이다. 그것이 바로 태양에너지이고 바로 가이아가 이것을 이용하여 석탄이나 석유 등 다양한 활용 가능한 에너지로 바꾸어 품고 있는 것이다. 인간들이 자신의 지적인 역량으로 핵융합기술을 개발하고 있다. 진정 프로메테우스의 자손들이다. 하여간 수소와 산소를 결합시키면 막대한 에너지가 발생하고 부산물은 물만 나온다. 수소는 바닷물에 가득히 담겨있다. 이 수소를 추출할 수만 있다면 인류는 복잡한 에너지 문제에서 완벽히 자유로울 수 있다.

그런데 이 수소를 어떻게 확보할 것인가의 문제가 남아있다. 수소에너지는 그 자체로서 에너지원은 아니다. 원자력, 재생에너지, 그리고 화석연료 등을 활용하여 생산하는 새로운 에너지 전달체이다. 마치 제2의 전기에너지와 비슷하다. 원자력을 이용하여 물을 끓여 얻으면 핑크수소, 재생에너지의 전기를 이용하여 수전해하여 수소를 만들면 그린수소라고 한다. 한편 가스로부터도 개질·추출[2] 하여 얻을 수 있는데 이를 그레이수소라고 한다. 다만 이 경우 수소와 함께 탄소 성분도 배출되므로 온실가스의 관점에서는 무의미하다. 그래서 추출된 탄소 성분을 모아서 지하에 저장하는 CCS[3]기술을 활용할 경우 이를 블루수소라고 한다.

---

2) 개질은 일산화탄소(CO)를 수증기(H20)와 반응시켜 수소로 변환하는 과정을 말하고, 추출은 합성가스(일산화탄소, 수소, 이산화탄소 등) 내 수소만 골라내는 과정을 의미한다.

3) Carbon Capture & Storage의 약자로, '탄소 포집 저장'으로 풀이된다.

그런데 원자력이나 재생에너지만으로 에너지 대식가인 우리나라의 연료를 수급하는 것은 현실적으로 불가능하다. 한편 NDC [4]를 충족시키기 위한 노력도 불가피하다. 결국 충분히 확보 가능한 화석연료를 활용하여 블루수소를 이용하는 것은 필수적이다. 일정 시점이 되면 가격이 문제가 아니라 에너지는 필요하므로 청탁(淸濁) 불문 탈탄소형 에너지 확보가 중요하다. 따라서 에너지가 전무하고 고립된 우리나라로서는 도입 가스를 활용한 블루수소는 피할 수 없다. 현재는 CCS 기술과 매립 장소가 필요하지만 기후대응과 에너지 수급이 심각할 정도의 갈등이 발생하면 블루수소에너지는 불가피하다. 가이아가 인간에게 제공 가능한 에너지는 지극히 제한적이기 때문이다.

[4) 국가 온실가스 감축 목표. 2015년 파리 기후변화협약(파리협약)의 결과물로서 국가들이 자체적으로 정한 2030년까지의 온실가스 감축 목표를 의미한다.

❖ 수소의 색깔 (The colors of Hydrogen)

수소에너지는 수소를 산소와 반응시켜 전기와 열, 그리고 물만을 발생시키기 때문에 온실가스 감축을 위한 다양한 기술 중 최근 가장 각광받고 있는 핵심 에너지원이다. 수소를 에너지원으로 사용하기 위해서는 우선 수소를 생산해야 하는데, 수소 생산 방식에 따라 부여된 색깔을 통해 수소에너지의 친환경성을 구분하고 있다. 대표적으로 브라운수소(Brown hydrogen), 그레이수소(Grey hydrogen), 블루수소(Blue hydrogen), 핑크수소(Pink hydrogen), 그리고 그린수소(Green hydrogen) 등으로 구분할 수 있다.

우선 브라운수소는 석탄(갈탄)을 가스화해 추출한 수소를 의미하고, 그레이수소는 천연가스의 주요 성분인 메탄을 수증기와 반응시켜 추출한 수소를 의미한다. 이들은 대량의 수소를 얻을 수 있다는 장점이 있지만 온실가스를 다량 배출한다는 단점이 있다. 블루수소는 그레이수소와 마찬가지로 천연가스를 이용하지만 생산 과정에서 발생하는 이산화탄소를 이산화탄소 포집·저장 및 활용 기술과 결합하여 최대 60%가량 이산화탄소 배출을 줄인 수소를 의미한다. 핑크수소는 원자력 발전을 통해 생산된 전기로 물을 전기분해하여 만든 수소를 의미한다. 마지막으로 그린수소는 태양광, 풍력과 같은 재생에너지원으로 얻은 전기를 이용해 물을 전기분해해 추출한 수소를 의미한다.

궁극적으로 지향하는 생산 방식은 그린수소이지만, 아직 생산비용이 매우 높고 투입된 전력에 비해 적은 양의 수소를 생산하기 때문에 전체 수소에서 차지하는 비중은 크지 않다. 따라서 최근에는 원자력발전을 활용해 추출하는 핑크수소도 그린수소의 스펙트럼에 포함시키는 추세이다. 2021년 10월 산업통상자원부에서 발표한 '수소경제 성과 및 수소 선도국가 비전'에 따르면 2030년 수소 생산량의 50% 이상, 2050년 100% 이상을 그린 및 블루수소로 전환하는 것이 우리나라의 목표이다.

[Cheng, W. and Lee, S., 2022, How green are the national hydrogen strategies?, Sustainability 14(3), p.1930.]
[산업통상자원부, 수소경제 성과 및 수소 선도국가 비전, 2021.10.]
[에너지정책 소통센터, 수소에도 색깔이 있다?]
출처: https://eiec.kdi.re.kr/policy/materialView.do?num=218872
https://e-policy.or.kr/info/list.php?admin_mode=read&no=5761&-make=&search=&prd_cate=2

기후대응에서의 차별화된 시도들이 있다. RE100과 CF100(Carbon Free 100)이 그것이다. 둘 다 기후대응을 위한 저탄소 에너지원에 대한 협력 프로그램이다. RE100은 재생에너지 중심이고 CF100은 원자력과 수소 등을 포함한다. 우리나라의 경우 CF100이 원전 중심의 믹스의 입장에서 더 적합하다. 문제는 글로벌 시장에서 여전히 RE100의 조건을 요구하는 기업들이 절대적이기 때문에 우리 기업들은 재생에너지에 의존해야 하는 상황이다. 만약 애플이나 르노자동차 등이 CF100에 가입한다면 우리 기업들도 비교적 수월하게 대응할 수 있을 테지만 이것은 우리의 선택이 아니라 글로벌 기업들의 선택이다.

❖ RE100 (Renewable Energy 100%)

RE100은 2050년까지 기업에서 필요한 전력의 100%를 태양광, 풍력, 수력, 지열 등 재생에너지원을 통해 조달하겠다는 자발적 캠페인이다. 2014년 영국 런던의 다국적 비영리기업인 The Climate Group과 Carbon Disclosure Project(CDP)가 연합하여 발족했으며, 2015년 제21차 유엔기후변화협약 당사국총회에서 채택된 파리협정을 지지하는 캠페인으로 시작되었다. RE100에 참여하고 있는 기업들은 2050년까지 100% 달성을 목표로 하고 있으며, 2030년 60%, 2040년 90% 이상의 실적 달성을 권고하고 있다. Google, Apple, Microsoft 등 전 세계 글로벌 기업과 삼성전자, 현대자동차, SK하이닉스 등 국내 기업들을 포함해 현재 380개 이상의 기업들이 RE100에 동참하고 있다. RE100 Annual Disclousre Report에 따르면 현재까지 Google과 Apple을 포함한 60여 개의 기업이 RE100을 달성했으며, 참여하고 있는 기업들의 평균 목표 달성 연도는 2031년이다.

■RE100 가입기업 수 및 목표연도

※ https://www.there100.org/re100-members?items_per_page=All.
2022.7.5 조회 기준

〈RE100 가입 기업 수 및 목표 연도 [이투뉴스]〉
[RE100 공식 홈페이지, https://www.there100.org/]
[2050 탄소중립위원회, RE100이란?, 2022.03.]
[이투뉴스, RE100 목표 연도에 대한 단상, 2022.08.]
출처:https://www.korea.kr/news/visualNewsView.do?newsId=148899478
https://www.e2news.com/news/articleView.html?idxno=244546

　　하여간 이와 같이 우리는 매일매일 나름 다 사정이 있는 다양한 에너지들을 활용하여 문명과 산업과 사회와 우리의 일상을 유지한다. 다만 강조하고 싶은 것은 욕을 먹고 있는 화석연료나 친환경에너지로 소개되는 재생에너지나 농축도만 다를 뿐 모두 태양에너지의 자식들이라는 사실이다.

제3장 우리나라의 에너지 이야기

시간을 돌이켜 해방 이후 남한과 북한의 처지를 비교해보면 재미있을 듯하다. 당시 북한에는 발전소와 공장들이 배치되어 있었고 지하자원도 훨씬 풍부하였다. 반면 남한에는 극히 소규모의 발전소와 농경지가 있었을 뿐이다. 물론 지하자원은 거의 전무하고. 그래서 해방 후 북한이 단전을 시행하자 남한은 최초의 전국 단위 정전을 경험하게 된다. 그나마 다행인 것은 공장이 거의 없어서 일상의 불편함에 그쳤다는 점일 것이다.

그 와중에도 이승만 대통령은 미국과 한미원자력협정을 맺고 원자력의 평화적 이용에 대한 기술 개발을 시작하였다. 북한의 김일성 주석 역시 소련에 매년 30명씩의 최고의 연구자를 파견하여 원자력에 대한 공부를 시작하였다. 남북한 공히 원자력의 역사는 그만큼 깊다. 원자력의 역사적 축적의 시간을 쉽게 생각하여 탈핵을 주장한 문재인 대통령은 그 역사성을 너무 간과했다. 원자력에 관한 한 남북한 공히 피눈물 나는 이야기가 있는 것이다. 그 결과 북한은 ICBM급 핵폭탄을 확보했고 우리나라는 원전을 수출하는 경지에 이른 것이다. 우리나라처럼 부존자원이 없으면서 중화학공업을 주력하는 나라에서는 고밀도 에너지를 공급하는 원자력은 자주적이고 필수적인 에너지원

이다. 게다가 수출산업화가 가능하다는 측면에서 원자력을 포기한다
는 것은 어리석은 일임에 분명하다. 다만 원전의 안전성과 사용후핵
연료의 문제는 여전히 가장 중요한 관건이다. 그럼에도 여전히 원자
력은 불가피하다.

아주 예전에는 우리 연료의 절반은 땔감이었다. 산에서 나무를 해서
각 가정의 연료로 사용한 것이다. 그러나 강원도를 중심으로 탄광들
이 발전하면서 우리는 드디어 연탄을 사용할 수 있었다. 구공탄이라는
이름으로 혁신적인 제품이 공급된 것이다. 겨울마다 각 가정은 연탄을
미리미리 비축하는 것이 일이었다. 그리고 가정집들은 겨울밤마다 연
탄불을 바꾸려고 새벽에 한 번씩 일어나야 했다. 70년대만 해도 겨울
철 각급 학교에서는 갈탄을 받아 난로에 불을 피웠다.

그러나 80년대 들어서서 도시가스가 들어오면서 연탄 중독으로 죽어나
가던 비극은 사라지기 시작하였다. 순식간에 보급된 도시가스는 경이
로운 일임에 분명하다. 이는 군사작전 하듯 이루어졌다. 당시가 군사정
권이었으니 가능한 일이기도 했다. 그 중간에 발생했던 석유파동5) 은

---

5) 1973-1974년 중동 전쟁(아랍·이스라엘 분쟁) 당시 아랍 산유국들(OPEC)의 석
유 수출 금지 조치와 1978-1980년의 이란 혁명으로 인한 대폭적인 석유 감산 탓에
석유 공급이 부족해져 국제 유가가 급상승하고, 그 결과 전 세계가 경제적 위기와 혼
란을 겪은 사건을 말한다. 오일쇼크 또는 유류파동이라고도 한다.

신흥개발국인 우리나라에는 엄청난 충격이었다. 천운으로 공장을 세우지 않고 잘 넘기긴 했으나 그 트라우마로 우리나라는 70%에 해당되던 석유발전소를 일거에 석탄발전소로 교체한다. 이것도 역시 군사작전 하듯 일거에 처리되었다. 예나 지금이나 다이나믹 코리아이다.

우리나라는 주력 에너지인 석유, 전력, 가스 산업을 전적으로 공공주도로 육성하였다. 그러나 1997년 석유 부문은 성공적으로 자유화하였지만 전력과 가스는 구조 개편 논의에도 불구하고 매우 어중간한 상태로 고착화되어 있다. 하다 만 구조 개편 이후 우리나라 에너지정책은 스스로의 로드맵을 잃어버리고 다소 표류하고 있다고 보아도 무방하다. 그러나 지금은 신자유주의의 민영화나 경쟁이라는 화두보다는 기후대응이라는 공적 과제가 중시되는 상황으로서 완전히 새로운 접근이 요구되는 시대에 돌입하였다. 이제 효율성 증대와 기후대응이라는 공적 과제의 조화를 이룰 새로운 접근법을 고민해야 하는 상황이고 조만간 이에 대한 대안이 나오기를 기대해본다.

현재 우리나라 에너지 시스템의 특징을 딱 하나만 들라면 세계 최고의 에너지밀도라는 것이다. 단위면적당 에너지밀도(발전, 소비 등)는 인류 역사상 최고치를 찍은 것이다. 잠수함에 비유하자면 동일한 성능의 잠수함으로 최저 깊이로 잠항하고 있는 것이다. 뭔가 위태위태한 느낌이 들지 않는가. 하여간 우리는 그런 에너지문명을 구축한 자랑스러운 존재인 것이다. 최근 BTS, 국제영화제, 피겨 등 세계 1등을 하는 일이 생기곤 하지만 우리나라의 에너지밀도 세계 1위는 이미 진작에 이룬 것이다. 단군 할아버지가 보시면 놀라자빠질 일이다.

문제는 에너지 대식가 국가인데 자체 보유한 에너지는 거의 전무하다는 사실이다. 거의 전량의 에너지(석유, 석탄, 가스, 우라늄 등)를 수입해야 한다. 다행히도 지난 수십 년간 국제에너지시장이 안정적이어서 비교적 안정적으로 싸게 수입할 수 있었다. 수입한 에너지로 상품을 만들어 수출하고, 수출해서 얻은 달러로 다시 에너지를 수입한 것이다. 만약 우크라이나 사태에서 본 것처럼 에너지가격이 급등하면 우리나라의 외환보유고는 빠르게 고갈되어 갈 것이다. 우리나라는 첨단분야의 원천기술도 부족하고, 원천적으로 지하자원도 부족하고, 경제분야에 대한 위기의식도 부족하다. 걱정된다.

기후대응 과정에서 투자가 줄어든 에너지, 특히 전통에너지인 석유와 석탄 가격은 일시적으로 오를 개연성이 크다. 소비하는 기기는 여전히 많고 채굴되는 양은 적을 것이므로 일시적인 가격 상승은 불가피하다. 우리 역시 마찬가지로 에너지체계를 혁신하건 하지 않건 에너지 수입 비용 부담이 늘어날 것임은 분명하다. 취약하다. 에너지 위기, 즉 제2의 IMF는 이런 방식으로 다가올 수 있다.

그런데 만약 석유나 가스의 해상수송로가 막힌다면 우리 경제는 얼마나 버틸 수 있을까? 우리는 해상수송로를 지킬 군사력을 갖고 있지 않다. 이러다 중국의 대만 침공이나 미일중의 해상 전투 발생이나 호르무츠의 전시 상태 등이 발생하면 달러의 힘은 사라지고 우리 발전소는 정지된다. 물론 원전과 태양광이 죽어라 전기를 생산하겠지만 턱없이 부족하다. 우리는 자원이 없는 나라이다.

그런데 외부로부터 자원의 도입이 원활해도 국내의 입지 고갈은 더 현실적으로 존재하는 위기이다. 전기화의 진전은 기술의 흐름상, 그리고 탈화석연료의 압력상 불가피하다. 따라서 우리는 친환경 분산형의 발전소를 계속 지어야 한다. 원전도 지어야 하고 재생에너지도 계속 보급해야 한다. 전기충전소와 수소충전소도 지어야 한다. 이에 따라 변전소와 송전탑도 건설해야 한다. 그러나 지역주민들의 반대로 이러한 국가적인 공통의 인프라 건설은 지연되거나 좌초되고 있다. 에너지에서 비롯되는 사회적 갈등은 지금도 전국 곳곳에서 발생하고 있다. 우리가 '갈등공화국'인 것에는 에너지가 큰 역할을 차지하고 있다. 지역주민의 어리석은 님비(NIMBY)[6]로 보기에는 우리의 에너지밀도가 과한 것도 사실이다. 입지의 고갈은 가장 심각한 장애요인이다. 어

---

6) '내 뒷마당에서는 안 된다(not in my backyard)'의 약어로, 장애인시설, 쓰레기소각장, 하수처리장, 화장장 등 꼭 필요한 시설물을 자신들이 사는 지역에 설치하는 것을 반대하는 지역이기주의를 의미한다.

느 누가 쉽게 양보하겠는가. 2050년 기후변화로 망하기 전에 우리는 전력망 고갈로 망할 것이다.

우리나라는 엄청난 성과를 거두었다. 이미 오래전 세계 최고 고밀도 에너지사회의 구현이라는 업적을 성취하였다. 그리고 그것을 기반으로 쌍둥이 형제인 제조업 역시 엄청난 성과를 거두어 유럽에 최첨단 무기를 공급하는 나라가 되었다. 그러나 한편 그 성공을 유지하기에 우리 내부로부터의 위기가 발생하고 있고, 외부로부터도 완전히 새롭고 무시무시한 위기가 다가오고 있다. 손자(孫子)의 전승불복(戰勝不復)[7] 경고가 자꾸 떠오른다.

---

7)『손자병법』에 나오는 말로 전쟁에서의 승리는 반복되지 않는다, 즉 동일한 방식으로 승리가 계속되지는 않는다는 의미다.

제4장 그러면 이제 기후협약에 대해 알아봅시다.

지금은 기후변화에 대해 누구나 익숙하게 알고 있다. 산업혁명 이후 인류가 배출한 이산화탄소와 메탄 등 온실가스에 의하여 지구의 기후 시스템이 급격히 변동되고 있다는 이야기이다. 물론 지구의 기후는 45억 년 동안 끊임없이 변동되어왔다. 한때는 200만 년 동안 비가 내린 적도 있었고, 또 한때는 지구 전체가 아이스 볼인 적도 있었다. 최근 수백 만년은 빙하기(ICE AGE)라는 이름으로 특정지어진다. 제법 추운 시기로서 빙기와 간빙기를 거듭하고 있는 것이다.

지구는 1만 년 전쯤 간빙기로 돌입하면서 나름 따듯해지면서 빙하도 녹으면서 전반적으로 해수면이 상승하였다. 약 7천 년 전쯤 해안선이 고정되기 시작하였다. 그리고 마침내 우리 인류는 농사를 짓기 시작하였고 문명시대에 돌입한 것이다. 그리고 200년 전 산업혁명으로 석탄과 석유를 마구 사용하며 다시 대기 조성을 바꾸기 시작하였다. 물론 예전에도 대륙붕의 산호들, 그리고 한때 거대 식물들도 대기 조성을 바꾼 바 있다. 그러나 불과 200년 만에 대기온도 1℃ 상승과 같은 급격한 변화를 유발한 종은 호모 사피엔스가 유일하다. 그리고 점차 기후변화에 따르는 재앙들이 가시화되고 있다. 우리는 뉴스를 통하여 이러한 기후재앙들을 자주 접하고 있다.

그래서 인류는 이미 1992년 브라질 리우에서 기후변화협약(UNF-CCC)을 성사시켰다. 그러나 지난 30년간 가시적 성과는 미미하고 기후재앙을 늘어나고 있다. 지금도 알프스의 빙하는 녹고 있으며, 해수면은 꾸준히 상승 중이다. 복잡한 과정을 거쳐서 자발적이되 모든 나라가 참여하는 '파리협정'까지는 왔다. 이에 따라 각 국가들은 NDC를 제출하였다. 그러나 IEA(국제에너지기구)는 미래에도 IPCC(기후변화에 관한 정부 간 패널)의 경고에도 불구하고 지구촌의 에너지 수요는 지속적으로 증가될 것으로 예측하고 있다. 즉 인류는 결국 1.5도 시나리오[8]를 달성하기 어렵다는 사실을 강력히 시사하고 있는 것이다.

---

8) 파리협정은 국제사회 공동의 장기 목표로서 산업화 이전 대비 지구 기온의 상승폭(2100년 기준)을 2℃보다 훨씬 낮게(well below 2℃) 유지하고, 더 나아가 온도 상승을 1.5℃ 이하로 제한하기 위한 노력(strive)을 추구한다는 데 합의했다.

❖ 유엔 기후변화협약과 파리협정

유엔 기후변화협약(United Nations Framework Convention on Climate Change, UNFCCC)은 1992년 5월 브라질 리우데자네이루에서 개최된 유엔환경개발회의에서 채택됐다. UNFCCC의 기본 원칙은 공동의 그러나 차별화된 책임으로서, 지구온난화에 대응하기 위해 개도국을 포함한 모든 당사국(Annex)이 참여하되, 역사적 책임이 있는 선진국이 차별화된 책임을 부담할 것을 약속했다. 최상위 의사결정기구는 당사국총회(Conference of Parties, COP)이며, 1995년 독일 베를린에서 개최된 제1차 COP 이후로 매년 개최되었고, 2022년 11월 이집트 샤름 엘 셰이크에서 제27차 COP가 개최되었다. 현재 196개국이 참여하고 있으며, 우리나라는 1993년 12월 47번째로 가입했다.

1997년 일본 교토에서 개최된 제3차 COP에서는 선진국들의 온실가스 감축 의무를 규정한 교토의정서(Kyoto protocol)가 채택되었으며, 2005년 2월 발효되어 2008년부터 2020년까지를 계획기간으로 정했다. 교토의정서는 의정서 비준을 위해 교토 메커니즘으로 불리는 배출권 거래제(Emission trading), 청정개발체계(Clean development mechanism), 공동이행제도(Joint implementation) 등을 도입했다. 교토의정서가 2020년 만료됨에 따라 2020년 이후의 신기후체제에 대한 협상이 개시되었으며, 2015년 프랑스 파리에서 개최된 제21차 COP에서 모든 국가가 온실가스 감축에 참여하는 신기후체제의 근간이 되는 파리협정(Paris agreement)이 채택되었다. 교토의정서는 선진국에만 온실가스 감축 의무를 부과하였으나, 파리협정은 모든 당사국이 참여하는 보편적 체제라는 점에서 큰 의미가 있다. 파리협정에 따라 각 국가는 자발적 감축 목표인 NDC를 제출해야 한다. 2023년 2월 기준 총 194개 당사국이 NDC를 제출했다.

[외교부, 기후변화협상, 2023.02.06.]
[환경부, 파리협정 함께 보기, 2022.03.]
출처: https://www.mofa.go.kr/www/wpge/m_20150/contents.do
https://me.go.kr/home/file/readDownloadFile2.do?fileId=236160&fileSe-
q=1&fileName=f9385cd642b1a043cd78243888378eaac441bc9dc03a-
c9a64126692e476397d8&openYn=Y

❖ 국가결정기여(Nationally Determined Contributions, NDC)

국가결정기여(이하 NDC)는 2050 탄소중립 달성을 위한 중간 목표로서, 2015년 제21차 당사국총회(Conference of Parties, COP)에서 채택된 파리협정에 따라 스스로 결정하여 제출하는 국가 온실가스 감축 목표이다. NDC는 각 국가가 감축 목표를 자율적으로 설정할 수 있도록 보장하나, 시간이 지남에 따라 목표를 강화하는 진전 원칙(progression over time)을 준수하기로 합의하였다. 즉, 두 번째 제출하는 NDC의 감축 목표는 첫 번째 제출한 것보다 강화된 목표여야 한다. 2023년 2월 기준 총 194개 당사국이 NDC를 최소 1회 이상 제출하였다.

 NDC 감축 목표는 1)절대량(기준연도 대비 감축 목표 설정), 2)배출 전망치(Business-as-usual, BAU), 3)집약도(기준연도 온실가스 집약도 대비 감축 목표 설정), 4)정책 및 수단 목표로 구분할 수 있다. 주요 국가에서 제출한 NDC를 살펴보면 2030년 EU는 1990년 대비 최소 55%, 영국은 1990년 대비 68%, 미국은 2005년 대비 50~52% 감축을 목표로 하고 있다. 중국은 온실가스 배출량을 GDP로 나눈 집약도 목표를 제출하였는데, 2030년까지 2005년 집약도 대비 65% 감축을 목표로 하고 있다. 우리나라는 2018년 대비 35% 이상을 감축한다는 목표를 설정했으며, 최근 목표를 40% 감축으로 상향했다.

[탄소중립녹색성장위원회, 2030 국가 온실가스 감축 목표]
[UNFCCC, NDC Registry, 2022.02.05. 검색]
[환경부, 파리협정 함께 보기, 2022.03.]
출처:https://2050cnc.go.kr/base/contents/view?contentsNo=11&menuLevel=2&menuNo=13
https://unfccc.int/NDCREG?gclid=CjwKCAiAxP2eBhBiEiwA5puhNcWCuxFZ-PMb2gYerdnOpLXliZTJG7j-Z88U3F3hx99BWbzl44-xbExoCQ8gQAvD_BwE
https://me.go.kr/home/file/readDownloadFile2.do?fileId=236160&fileSeq=1&fileName=f9385cd642b1a043cd78243888378eaac441bc9dc03a-c9a64126692e476397d8&openYn=Y

영화 〈투모로우〉의 마지막 장면은 흥미롭다. 강추위로 얼어버린 북미의 호모 사피엔스들은 상대적으로 따듯한 멕시코로 몰려간다. 미국 대통령은 멕시코 대통령에게 국경을 개방해달라고 간청한다. 물론 그간의 국가 부채는 모두 탕감한다는 조건을 걸고. 국경은 열리고 사람들은 멕시코로 입국하며 나름 해피 엔딩의 분위기를 만들며 영화는 마감된다. 그러나 아마도 그 후속편은 멕시코에서의 이주 미국인과 멕시코인 간의 전쟁이 아니었을까? 제2의 텍사스 전쟁으로 힘든 시기가 도래했을 것이라고 상상해본다. 아니면 영화 〈워터월드〉에 나오는 이야기도 매우 타당하다. 하여간 멸종은 아니겠지만 전쟁이나 혹은 아가미 인간이 현실이 될 것이다. 불편하다.

이렇게 심각한데 1992년에 시작된 기후협약이 30여 년이 지난 아직도 왜 지지부진할까? 이는 국익 간의 갈등을 해결하지 못하고 있기 때문이다. 기후협약에 대응하다보면 불가피하게 국가 간 경쟁력의 차별적 변동이 발생하기 때문이다. 탄소세가 모든 영역에 걸쳐 동일하게 부과된다면 동일 업종에서 차별성은 발생하지 않는다. 그러나 몇 달러의 탄소세 부과가 수출경쟁력을 좌우할 경우 어느 누구도 자국의 기업에 먼저 그러한 부담을 지울 수는 없다. 공장이 바로 문을 닫을 것이기 때문이다. 국가별로 일자리의 증감을 의미하고, 동시에 전 세계 생산공장의 대규모 이동을 의미한다. 게다가 특히 요즘처럼 공장 유치에 관심이 커진 상태에서는 더욱 그러하다.

예를 들어서 이해도를 높여보자. 현재 우리나라는 포스코라는 강력한 철강회사를 보유하고 있다. 세계 철강시장에서 다양한 철강제품들은 비슷비슷한 공법으로 경쟁 중이며 각 제품들은 몇 달러의 가격 차이로 승부가 갈리는 피 말리는 전투가 매일매일 진행 중이다. 우리가 높은 인류애를 바탕으로 몇 달러의 탄소세를 부과하면 포스코의 가격경쟁력 열세는 불가피하다. 포스코가 위험해지는 것이다. 인류의 미래를 위하여 자국 기업의 경쟁력을 저하시키는 결단은 참으로 어려운 일이다. 여기에 수소환원제철법 9)이라는 새로운 탈탄소 공법의 실현 여부에 따라 철강산업에서의 생사가 달린 새로운 경쟁이 시작되었다. 관계자의 전언에 의하면 르노나 닛산에서는 탄소중립형 철강제품을 요구한다고 한다. 추가적인 투자는 불가피하다. 기업의 미래를 건 위험천만한 어마어마한 투자이자 승부수이다. 그러나 전 세계 철강회사들은 이러한 도전을 시작했다. 이미 기후와 관련한 전쟁은 진행 중인 것이다.

물론 기후대응을 위해서는 전 세계가 철강 수요 자체를 조절하는 것이 제일 좋다. 자동차 구매를 줄이고 철근이 들어가는 건물 건설도 줄이는 것이다. 그래서 이번 IPCC 보고서는 수요 자체의 저감을 강조하

---

9) 기존 철강 생산 방식에서 이산화탄소 배출을 야기하는 석탄, 천연가스 등 탄소계 환원제 대신 수소를 사용하여 근본적으로 이산화탄소 배출량을 0으로 만드는 공정 기술이다. 이론적으로는 수소를 환원시키는 과정에서 이산화탄소가 아닌 물이 배출되고, 철을 녹이는 과정에서 친환경적으로 생산한 전력을 사용하게 되면 강철을 생산하면서도 탄소를 배출하지 않을 수 있다.

기 시작하였다. 그러나 사실 전 세계의 철강 수요는 요지부동이다. 아마 지속적으로 증가할 것이 분명하다. IEA나 철강협회의 수요 전망도 그러하다. 이는 다른 원자재의 경우에도 동일하다. 이는 자본주의의 축소를 의미하는 것이므로 반시장적이다. 참으로 어려운 일이다.

우리는 기후대응과 관련하여 어떤 상황일까? 우리는 절대적으로 무역에 의존하고 있다. 우리는 파리협정과 같은 글로벌 환경에 예민할 수 밖에 없다. 탈퇴는 불가능하다. 우리는 향후 지속적으로 업데이트된 NDC를 제출해야 한다. 그리고 2050 탄소중립에 대하여도 최소한의 설득력 있는 노력을 명시적으로 보여주어야 한다. 물론 법적 구속력은 없다. 다만 NDC상의 목표가 후퇴하지 말아야 한다. 비교적 느슨한 규범임에는 분명하다. 못한들 도덕적 비난만이 있다. 파리협정은 그런 낮은 수준의 국제협약이다. 파리협정만으로는 사실 단기적으로는 크게 걱정할 일은 아니다. 특히 5년 단기 정권의 대한민국은 보수나 진보나 실질적으로 크게 걱정하지 않는다. 그래서 진보 정부는 탄소중립을 대외에 손쉽게 공표하고 에너지요금은 억제한다. 보수 정부의 경우에는 기후정책을 진보그룹의 것으로 내심 평가하여 애써 무시하는 경향이 있다. 실제로 5년 단기 정권의 정무적인 관점에서 '10여 년 후 40% 저감'의 NDC는 실질적으로는 심각하지 않을 것 같다. 임기 내 사건이 아니기 때문일 것이다. 그래서 과감한 목표 설정을 시도하는 것이다.

그런데 문제는 당장 파리협정과 무관하게 CBAM(탄소국경조정세), RE100처럼 개별적이고 구체적인 기후규범들이 시장에서 작동하고 있다는 점이다. 예전처럼 탄소를 배출하는 국내 설비를 마냥 지키는 정책이 능사는 아니다. 미국이 시행하는 IRA법은 기후를 활용하여 전 세계의 공장을 미국 본토로 회귀시키려는 시도임에 분명하다. 그런데 그 내용을 보면 대부분 우리나라와 관련이 많다. 우리의 주력 산업이다. 어떻게 할 것인가? 삼성이나 한화그룹의 공장을 미국에 지어도 물론 소유는 그들 그룹의 것이다. 미국으로 공장을 짓지 않으면 그 그룹은 경쟁력을 상실하는 것이므로 우리 기업이 살긴 해야 한다. 그러나 공장이 한국에 있는 것과 미국에 있는 것은 엄연히 다르다. 대한민국의 세금과 일자리가 줄어드는 것이다. 물론 그 기업들이 미국에 못 가서 결과적으로 죽는 것보다는 좋지만.

❖ 탄소국경조정제도(Carbon Border Adjustment Mechanism, CBAM)

탄소국경조정제도(이하 CBAM)는 탄소 유출(Carbon leakage) 문제를 해결하기 위해 EU가 도입하고자 하는 무역 관세의 일종이다. 탄소 유출이란 탄소 배출량에 대한 규제가 강한 국가에서 상대적으로 덜한 국가로 탄소 배출이 이전되는 현상을 의미한다. 예를 들어 기업들이 탄소 배출에 대한 규제를 피하고자 규제가 강한 국가에 있던 공장을 규제가 상대적으로

약한 국가로 이전할 경우 탄소 유출이 발생한다. EU는 탄소 배출에 대한 규제가 강하기 때문에 CBAM을 통해 타국의 온실가스 감축 압박, 자국의 산업경쟁력 강화, 세수 확보 등을 목적으로 하고 있다.

　2021년 6월 CBAM의 초안 일부가 언론에 공개됐으며, 2021년 7월 발표된 2030 기후 목표 계획 달성을 위한 입법안(Fit for 55)에 CBAM 초안이 포함되었다. EU는 2023년 1월 1일부터 CBAM을 시범적으로 도입했으며, 2026년 1월 1일부터 본격적으로 시행하는 것을 목표로 하고 있다. CBAM에 의해 영향을 받는 품목은 철강, 알루미늄, 시멘트, 비료, 전기 등 총 5개 품목이다. 우리나라는 2021년 기준으로 EU 주요 철강 수입국 중 다섯 번째를 기록하고 있어 우리 산업과 경제에도 큰 영향을 미칠 것으로 예상된다.

[에너지경제연구원, (세계 원전시장 인사이트) 탄소국경조정제도의 개요와 추진 현황, 2022.09.]
[삼일회계법인, EU 탄소국경조정제도, 2021.07.]
출처: https://www.keei.re.kr/web_keei/d_results.nsf/0/CFA267FD5854D1AE-492588C6003218ED/$file/WNPMI220923.PDF
https://www.pwc.com/kr/ko/publications/research-insights/samilpwc_eu-cbam.pdf

❖ 미국의 인플레이션 감축법(Inflation Reduction Act, IRA)

　미국 바이든 대통령은 2022년 8월 16일 인플레이션과 기후변화 대응, 세제 개혁 등을 뒷받침하기 위한 인플레이션 감축법(이하 IRA)에 서명하였다. IRA는 처방 의약품·의료·에너지 등 가계 지출을 축소하고, 고임금 일자리를 창출하며, 상향식의 중산층 중심의 경제성장을 목표로 한다. 청정에너지 분야에서는 환경오염 감소, 청정 운송 개선, 청정에너지 접근성 확대 등을 통해 2030년까지 온실가스 배출량 1Gt 감축이 목표로 설정되었다. 특히 에너지 안보와 미국 내 생산을 지원하기 위해 태양광·풍력·탄소포집·청정수소 등 청정에너지 기술의 국내 생산 장려, 태양광 패널·풍력터빈·배터리 등에 대한 생산세액 공제, 열펌프 또는 에너지 효율 가전제품 구매와 관련한 소비자 리베이트 프로그램 가이드라인 설정, 그리고 전기차 신차 구매 시 최대 7,500달러의 세액 공제 시행 등의 내용을 담고 있다.

　IRA가 우리 기업에 미치는 영향은 주로 '미국 내 생산' 여부에 달려있다. 일부 태양광 패널, 풍력터빈, 배터리 등 에너지산업에서도 미국 내에서 제품을 생산할 경우 우리 기업도 세액 공제 등 여러 지원 혜택을 받을 수 있다. 하지만 배터리 생산 기업의 경우 중국이나 러시아 기업들을 포함하는 우려 외국기업(foreign entity of concern)에서 조달한 광물이나 부품이 조금이라도 존재하는 경우 세액 공제 대상에서 제외되므로 중국산 광물에 상당 부분 의존하고 있는 우리 기업들이 IRA의 혜택을 받기 위해서는 대응 방안을 모색할 필요가 있다.

[한국산업기술진흥원, [2022년 17호] (이슈 포커스) 미국 인플레이션 감축법 발효, 2022.09.]

[광장 국제통상연구원, 미국 인플레이션 감축법 주요 내용과 우리 기업에 대한 시사점, 2022.09.]

출처:https://www.kiat.or.kr/front/board/boardContentsView. do?board_id=71&contents_id=eb99f847b77d4d4ab1d485497c- d2731e&MenuId=878cb9b6d5ec41bf914ad5c0f590ed14

https://www.leeko.com/upload/news/newsLetter/885/20220829085 738177.pdf

어떻게 하나? 일부 환경론자들의 말을 수용하여 에너지를 몽땅 재생에너지로 바꾸고 환경부의 모 담당자가 토론회에서 공개적으로 이야기한 것처럼 철강업이나 석유화학처럼 에너지 다소비산업을 포기하는 게 현명할까? 인류의 멸종을 방지하기 위하여 대한민국이 먼저 솔선수범하여 탄소 배출량을 포기하는 것이 옳을까? 일부 환경론자들은 철강이나 석유화학 등 일부 에너지 다소비 산업을 포기해도 된다는 생각을 갖고 있다. 그러나 이는 우리의 국부를 유출하는 것뿐만 아니라 배출처를 해외로 이전시키는 것에 불과하여 지구의 기후대응에는 효과가 없다. 게다가 당진과 포항에서 선출된 국회의원들이 자기 당이 이러한 당론을 채택할 때 동의할까? 동의 못할 것이다.

그렇다고 마냥 탄소를 배출하는 이기적인 행태는 가능할까? 이것도 어려울 것이다. 국제시장이 한국의 공장을 뺏어갈 명분으로 활용할 것이다. 이는 특히 제조업 강국인 중국과 한국에 치명적이다. 이 세상에

쉬운 일은 없다. 그런데 이 문제에 가장 현실적으로 적극적인 그룹이 있었다. 적어도 나의 좁은 경험으로는. 바로 우리나라 제조업이다. 이 모순을 가장 잘 이해하고 또 해결하고자 하는 의지는 우리 기업인들이라고 감히 증언할 수 있다.

과연 우리는 국익과 인류 평화의 조화로운 추구를 할 수 있을까? 세계시민적 관점의 위기의식은 오히려 우리나라에의 시사점과 우리의 대응을 모호하게 만든다. 그리고 오히려 명분적인 담론만 생성시키고 실질적인 대응 노력은 약화시킬 개연성이 크다. 지난 정부가 탄소중립은 멋지게 선언하면서 요금 정상화에는 의도적으로 소홀했었던 과오를 되풀이할 가능성이 있다. 이러한 인류애에 기반한 구두선은 결과적으로 우리에게도 인류에게도 후손들에게도 유익하지 않다. 철저하게 국익 우선으로 대응하는 것이 현명하다. 그래야 실천성이 더 강화된다. 그리고 그 방식이 기술 혁신적일 경우 국익을 넘어서 오히려 인류의 이익에도 부합된다.

제2부

탄소 중립은 제조 강국에게 근본적 도전이다.

1962년 1월 13일 대한민국은 '제1차 경제개발 5개년계획'을 발표하였다. 이 날을 시점으로 비참하게 가난했던 농경국가인 대한민국은 성공적으로 공업 입국의 길을 시작하게 된다. 그리고 잘 알려지지 않은 사실이 또 하나 있다. 그 해 봄 한전이 주도한 '제1차 전원개발 5개년계획'이 연이어 발표된 것이다. 당시 정부는 아직 존재하지 않은 5개년계획 서류상의 공장을 염두에 두고 용감무쌍하게도 미리미리 전기를 공급하기 위하여 발전소와 송전탑을 건설하기 시작한 것이다. 이로써 우리나라의 제조산업과 에너지산업은 한 해에 쌍둥이로 태어나 주거니 받거니 하며 함께 성장하였다.

❖ 제1차 경제개발 5개년계획

제1차 경제개발 5개년계획은 1961년 5월 20일 국가재건최고회의 재정경제위원회 위원장인 유원식의 주도로 김성범(산업은행), 백용찬(산업개발위원회), 정소영(재무부 사세국), 박희범(서울대), 권혁로(육군 중령), 이경식(한국은행), 정일휘 등의 일부 전문가가 참여하여 작성되기 시작하였다. 제1차 계획 초안은 최고회의 안에서 제시한 총량 목표 및 부문별 목표를 바탕으로 정부 각 부처에서 제출한 부문계획과 투자계획을 경제기획원이 종합하여 1961년 9월 15일에 완성됐으며, 국가재건최고회의의 승인을 받아 1962년 1월 5일 공표되었다.

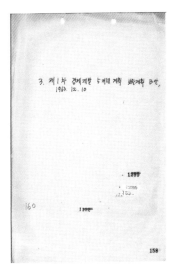

본 계획의 기본 목표는 산업구조 근대화, 자립경제의 확립을 촉진하는 데 있으며, 6대 중점과제로 1)식량 자급, 2)공업구조 고도화의 기틀 마련, 3)7억불 수출 달성 및 국제수지 개선의 기반 확립, 4)고용 증대 및 인구 팽창 억제, 5)국민소득의 획기적 증대, 6)과학 및 경영기술 진흥 및 인적 자원 배양이 선정되었다.

[국가기록원, 기록으로 보는 경제개발 5개년 계획]
출처: https://theme.archives.go.kr/next/economicDevelopment/primary.do#cite01

그리고 이제 60년 동안 대한민국은 '잘 살아보려'는 국민들의 불 같은 염원으로 한강의 기적도 이루어 중진국에 진입하였고, 미국의 주도 하에 이루어진 글로벌화의 상황에서 다시 한번 과감한 '세계화'와 '디지털화'를 성공시키며 2023년 현재 선진국이 되어 있다.

그러나 우리에게 새로운 위기가 오고 있다. 물론 하루하루가 위기이지만 앞으로의 위기는 아주 깊고 오랫동안 지속될 것 같다. 코로나 위기가 부동산 폭락으로 이어지고 있다. 그리고 이후 또 새로운 위기가 발생할 것이다. 우리는 매 순간 그 시점의 새로운 위기들에 대응하며 전력을 기울일 것이다. 미·중 패권 전쟁, 아파트값 폭락, 고령화 등의 위기가 있지만 그 중에서도 가장 심각한 위기로 대부분 기후대응을 이야기한다. 기후위기는 특히 자원이 전무하고 에너지 다소비산업이 아직 핵심인 우리나라와 같은 경우에 가장 취약할 수밖에 없다. 따라서 여러 유형의 위기 속에서도 우리가 반드시 고수해야 하는 우리의 레거시들을 최선을 다하여 지켜내야 한다. 그것은 바로 우리의 강력한 제조역량과 그와 수반되는 에너지안보이다.

이 두 자산을 지켜낸다면 우리는 당당하고 보다 안정적인 선진국의 대열에 오를 수 있다. G7 정도의 성취도 가능한 것 아니겠는가. 그 제조역량 중에서도 민과 관이 함께 노력해야 하는 제조업 분야가 있다. 특히 기후대응과 관련한 에너지 다소비 업종과 기후 관련 혁신 기술과 신규 시장이 그러하다. 전기차, 원자력, 수소, 스마트그리드 등 그린화의 핵심 업종은 이미 전 세계적으로 혁신의 압박을 받으며 빠르게 진화하고 있다. 그 진화에서 승리하는 자가 글로벌 위너가 된다.

빌 게이츠도 주장한 바와 같이 기후와 관련한 경쟁은 민관의 협력이 중요하다. 이러한 '협력'이 바로 새로운 통상시대의 새로운 산업정책인 것이다. 기후대응을 위하여 필요한 기술들은 아직 소비자가 기꺼이 구매할 수요가 아니므로 정부가 앞장서서 수요도 만들어줄 필요가 있다. 이러한 정책적 수요는 제조업의 혁신을 위한 초기 자양분이 될 것이다. 따라서 정부의 핵심적인 기여는 초기 시장 수요를 보장해주는 것이다. 우리는 이미 재생에너지나 전기차 등에 대한 보조금을 지불하고 있고, 건물의 경우에는 ZEB(제로 에너지빌딩)과 같은 강력한 기술 규제로 인위적인 수요를 만들어주고 있다.

 군대에서는 이를 '합동성'의 원칙이라고 한다. 육해공군의 긴밀한 협력을 위하여 합동참모본부가 존재한다. 민관의 합동성은 이러한 기술적 규제나 보조의 설계를 정교하게 하여 우리 기업의 기술적 경쟁력을 제고하고 동시에 보호무역적 성격을 갖지만, 가능하면 WTO와 같은 기존의 질서와 병행할 수 있도록 내수 방어 정책도 가미하는 지혜가 필요하다. 이것이 정부의 경쟁력이고 새로운 산업정책이다. 이미전 세계가 이 경쟁에 돌입한 상태이다. 여기서 위너가 되어 우리의 레거시인 제조역량을 유지 발전시켜야 한다. 그래야 우리의 성공과 부를 유지할 수 있다. 그런데 이러한 노력의 중심에 에너지가 존재한다. 에너지 자체의 변화와 이에 수반되는 다양한 기술군들이 변화하고 경쟁하고 진화해나간다. 결국 에너지의 이슈로 환원된다. 프로메테우스는 여전히 살아있다.

제1장 우리나라는 이제 명백히 선진국이다.

필자가 대학생 때에는 스타벅스 같은 것은 없었다. 술은 OB, 소주는 두꺼비가 다였던 시절이다. 하지만 가난했던 우리의 젊은 시절은 불쌍하지 않았다. 지금은 이해가 되지 않겠지만 졸업하면 바로 취업이 기다려주던 시절이었으니까. 그리고 세월이 지나 이제 우리는 어디나 상품들이 넘쳐나고 세계에서 제일 깨끗한 공중화장실을 가지고 있으며 전국 어느 산에나 숲길 천연 카페트가 깔려있는 나라에 살고 있다. 누구는 어느 날 눈을 떠보니 벌레가 된 경우도 있었지만, 우리는 선진국에 살고 있는 것을 발견하였다. 과연 지난 60년 동안 어떤 일이 있었을까? 그런데 과연 이 수준이 유지될 것인가? 문득문득 걱정이 앞선다.

우리는 60여 년 전에 부국강병책을 채택하였다. 그리고 성공하였다. 개발독재를 통하여 중화학공업의 기초를 만들었다. 그리고 대한민국은 또 한 번의 승부수를 띄운다. 5공화국에서 과감하게 개방적인 자유시장 경제체제를 시도하였다. 주요 상품의 수입에 대한 인허가 규제를 철폐하고 우리 기업들은 자유롭게 수출과 수입을 시행할 수 있게 되었다. 이러한 조치는 미국이 주도하는 전 세계적인 자유무역 기조와 맞물리며 성공하였다. 개방화와 세계화는 우리의 역동성을 더욱 강화하였다. 예전 일본문화가 우리를 다 삼킬 거라 주장하며 영화 스크린쿼터를 두고 울부짖던 당시의 지식인들은 무어라 이야기할 것인가. 미국과의 FTA로 우리나라 농업이 다 망할 거라 주장하던 분들은 어디에 계시나? 우리는 개방했고 성공했다. 우리의 노력과 운으로.

최근 피터 자이한의 말대로 우리나라는 그 미국이 주도한 평평한 세계의 덕을 본 것이 사실이다. 우리나라의 약간 도박에 가까웠던 개방화정책은 이러한 외부 여건과 맞물리며 폭발하였다. 중국 역시 등소평의 개방화정책으로 크게 성장하였고, 일본도 한때 미국의 부동산을 싹쓸이하는 기염을 보이기도 하였다. 그래서 글로벌화의 최대 수혜자로 동북아의 한중일이 꼽히게 된 것이다. 그러나 일본은 플라자합의 후 내리막길을 걷고 있고, 중국은 현재 미국과 어려운 경제 전쟁을 수행 중이다.

❖ 플라자 합의(Plaza Accord)

1985년 9월 22일 뉴욕 플라자 호텔에서 열린 G5 재무장관 회의. 왼쪽부터 서독의 게르하르트 슈톨텐베르크, 프랑스의 피에르 베레고부아, 미국의 제임스 베이커 3세, 영국의 나이절 로슨, 일본의 다케시타 노보루 재무장관.

플라자 합의는 1985년 당시 G5(미국, 프랑스, 독일, 일본, 영국)의 재무장관이 뉴욕 플라자 호텔에서 외환시장에 개입해 미국 달러화를 일본 엔화, 독일 마르크화에 대해 절하시키기로 합의한 것을 의미한다. 1980년대 중반까지 미국의 대규모 적자에도 불구하고 미국 달러화는 미국의 정치적·경제적 위상으로 인해 강세를 지속하고 있었다. 미국은 국제시장에서의 경쟁력이 약화됨에 따라 자국의 화폐 가치가 하락하는 것을 막기 위해 외환시장에 개입할 필요가 있었다. 또한 다른 선진국들은 미국 달러화에 대한 자국의 화폐 가치 하락을 막기 위해 과도한 긴축통화정책을 시행해야 했으므로 경제 침체를 맞았다.

이에 G5는 1985년 9월 뉴욕 플라자 호텔에서 미국 달러화의 가치 하락을 유도하기 위해 공동으로 외환시장에 개입하는 것을 합의했다. 플라자 합의 이후 2년간 미국 달러화의 가치 하락에도 불구하고 미국의 적자는 해소되지 않았으며, 더는 이행되지 않았다. 플라자 합의로 인해 엔화 가치가 상승하였고, 일본의 수출이 감소하면서 성장률이 크게 하락하여 일본의 '잃어버린 10년'의 직간접적인 원인 중 하나가 되었다.

[한국경제, (용어사전) 플라자 합의]
[주간조선, '잃어버린 시대'의 서막 플라자 합의 30주년, 2015.09.]
출처: https://dic.hankyung.com/economy/view/?seq=6774
http://weekly.chosun.com/news/articleView.html?idxno=8962

그럼에도 우리나라는 아직은 잘하고 있다. 한 마디로 놀랍다. 당시에 반도체나 LNG 선박, 그랜저 말고도 우리나라가 외국에 K9 자주포, FA50 제트기, 잠수함 등을 수출하는 현실을 상상이나 할 수 있었겠는가. 게다가 최근에는 유럽의 제조 강국인 독일의 레오파드2 탱크를 우리의 K2 탱크가 폴란드에서 승리를 거두고 있다. 우리는 분명히 선진국이고, 특히 제조 절대 강국인 것이다. 기분 좋다.

우리나라의 발전 과정에서 개별 산업의 역할을 간략히 살펴보면 다음과 같다. 먼저 우리의 금융산업은 항상 비난의 대상이다. 모든 대출은 담보 없이는 이루어지지 않는다. 자원 관련 산업은 국내적으로는 사실상 전무하며 동시에 해외자원개발사업은 이미 다 이명박 정부 투자 실패 이후 회복할 기미가 보이지 않는다. 농업, 어업, 그리고 축산업 등은 보조금에 의존하며 생존하고 있다. 서비스산업은 너무나 작은 규모의 내수시장 기반이어서 성장 동력화에는 많이 부족하다. K문화사업은 많이 성장하였고 자부심 가득하지만, 막상 산업이라 부르기에는 부를 창출하는 규모가 작다.

하지만 제조업은 이들과 좀 다르다. 한국 경제에서 제조업의 기여를 살펴보면 그 중요성을 확인하게 된다. 제조업은 90년대 이후 꾸준히 우리 전체 GDP의 20% 이상을 차지하고 있고 2021년에는 27%로 위상이 높아지고 있다. 2021년 기준 전체 수출액에서 전기전자와 금속제품이 54%(석유화학을 포함한 광제조업으로 보면 85% 수준)을 차지하고 있다. 수출 기반의 성장동력을 가진 우리나라에서는 절대적 중요성을 갖는다. 특히 1997년 IMF, 2008년 외환위기, 그리고 최근의 코로나19 등의 위기상황에서 우리 경제의 빠른 회복은 제조업의 경쟁력에 기인한다. 또한 국민의 삶과 관련한 고용 측면에서도 우리 제조업은 미국, 일본 등의 OECD 평균보다 높은 상황이다. 더욱이 유엔산업개발기구(UNIDO)의 2018년 세계 제조업 경쟁력 지수에서는 독일, 중국 다음인 3위를 기록하고 있다.

생산, 수출, 고용, 경쟁력 등을 고려할 때 결국 대한민국은 제조산업을 중심으로 국부를 유지하고 증대시키는 길 말고는 방법이 없다. 이책의 후반부에 이야기할 '조화로운 전환'의 관점에서 살펴볼 때도 현재 우리의 강점과 탄소중립을 결합할 때 시너지 효과가 창출될 수 있다. 그리고 새로운 도약의 기회를 선점할 수 있으며 지속적인 성장이 가능하다. 결국 우리는 앞으로도 제조 강국이어야 한다.

❖ 탄소중립(Carbon neutrality)

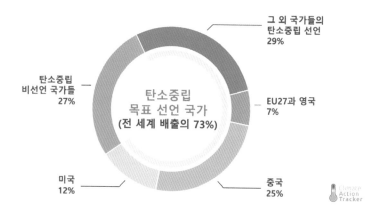

〈탄소중립 선언 국가들의 선언 효과 [Climate Action Tracker 홈페이지]〉

탄소중립은 인간이 인위적으로 배출하는 탄소의 양을 지구가 자연적으로 흡수하여 제거되는 탄소 배출량과 같거나 더 적도록 유지함으로써 실질적인 배출량을 '0' 수준으로 맞추는 것을 의미한다. 2015년 프랑스 파리에서 개최된 제21차 당사국총회(Conference of Parties, COP)에서는 선진국과 개도국이 모두 온실가스 감축에 참여하기로 한 파리협정(Paris Agreement)이 채택되었으며, 지구 평균 온도 상승을 산업화 이전과 비교해 1.5℃를 넘지 않도록 하자는 합의가 이뤄졌다. 이후 2018년 10월 지구 온난화 1.5℃ 특별보고서(Special Report on Global Warming of 1.5℃) 가 발표됐다. 이들은 온도 목표를 달성하기 위해 2040년까지 2010년 대비 이산화탄소 배출을 45%까지 줄여야 한다고 권고했으며, 2050년까지 탄소중립을 달성해야 한다고 제안했다. 이후 2019년 EU를 시작으로 세계 여러 국가가 탄소중립을 선언했으며, 우리나라는 2020년 10월 2050 탄소중립을 선언했다. 2022년 영국 글래스고에서 제22차 COP가 열리기 직전까지 탄소중립을 선언한 국가들은 총 136개국이었으며, 이 국가들의 온실가스 배출량 총합은 전체의 88%를 차지하고 있다.

[UNFCCC, A Beginner's Guide to Climate Neutrality, 2021.02.]
[에너지경제연구원, [2021년 겨울호] (에너지 포커스) 한국의 2050 탄소중립 시나리오: 내용과 과제, 2022.01.]
출처:https://unfccc.int/blog/a-beginner-s-guide-to-climate-neutrality?gclid=C-jwKCAiAxP2eBhBiEiwA5puhNeYJ4QOQFc3oi3JEV6I9-_5wqkEdPAuKx8ztGG-TA7TMDK-5tZMAb_BoC2n4QAvD_BwE
https://www.keei.re.kr/main.nsf/index.html?open&p=%2Fweb_keei%2Fd_results.nsf%2F0%2F40D3CF898F7BCCCD492587CD000CE95A&s=%-3Fopendocument%26is_popup%3D1%26menucode%3DS4

우리나라는 세계대전 이후 산업화와 민주화를 동시에 이룩한 유일한 나라이다. 이 성취에 대해 공을 다투고자 할 역사적 주체들은 무수히 많을 것이다. 노동자들, 기업인들, 교육자들, 과학자들, 행정관료들 등등. 그런데 여기에 에너지 쪽에서도 자랑하고자 하는 주장이 있다. "싸고 안정적인 에너지의 공급"이 공업 입국의 핵심이었다는 자부심이 그것이다. 이명박 정부 시절 추진한 자원외교의 실패는 여전히 뼈아프지만 그럼에도 아직까지 에너지정책은 그 임무를 성공적으로 수행했다. 우리나라에서 공업과 에너지는 태생적으로 쌍둥이였다는 것을 다시 상기해보자.

그리고 이러한 에너지산업의 성공에는 '계획과 종합대책'이라는 정부의 개입이 있었다. 전력수급계획의 경우 1962년의 계획과 2022년의 계획은 그 수립의 본실에 있어 동일하다. 엘리트들이 미래의 전기 수요를 예측하고 그에 걸맞게 발전소와 전력망을 비용 효과적으로 세우는 것이다. 그러한 엘리트들의 무용담은 최근 여러모로 흔들리고 있다. 시대가 너무 복잡하고 역동적으로 변화하기 시작한 것이다. 특히 스마트폰의 대두로 장삼이사들의 정보력이 막강해졌고 입지난으로 지역수용성이라는 명분으로 주민들의 힘도 커졌다. 특히 선출직들이 주요 계획에 개입하며 혼란을 가중시키고 있다. 여러 가지 이유도 중앙의 계획경제 방식의 효용성에 대한 의문들이 대두되기 시작하였다.

지난 60년의 성공적 관행이 더 이상 작동하지 않고 있는 것이다. 10년 전 일본 에너지경제연구원을 방문했을 때 들은 이야기가 있다. 믹스 조정의 방식에 관한 질문에 대하여 연구원들의 답변은 "일본은 관료가 에너지기본계획을 바탕으로 믹스 조정을 요청하면 시장에서 이를 수용한다"고 하였다. 우리나라는 에너지기본계획의 하위 법정계획을 통하여 세부적으로 조정하는 것에 비추어보면 상당히 파격적인 권한 행사가 아닐 수 없다. 일본도 시장에서 치열하게 경쟁 중인 사업자들이 관료의 행정 지도에 순순히 순종한다는 것이 과거 우리의 개발독재 시절을 연상시키는 것이었다. 이러한 일본 관료들이 발휘하는 행정적 재량권은 우리나라 정부에서는 모두 직권 남용이 되어버렸다. 지금 우리나라는 왠지 낯선 환경에서 우왕좌왕하는 느낌이 들기 시작한다. 새로운 질서가 필요한 시점임에 분명하다.

제2장 새로운 거대한 위기들이 몰려오고 있다.

우리나라는 분명히 선진국에 도달한 것이 사실이다. 그러나 이제는 우리가 이룬 이러한 부를 유지할 수 있을 것인가가 우리의 숙제이다. 그간의 우호적인 여건들은 근본적으로 변화하기 시작하였고, 그 위기의 내용을 보면 우리 제조역량에 불리한 내용으로 가득 차 있다. 위기이다.

우선 우리의 성공을 위협하는 많은 내부적 요소들이 이미 넘쳐나고 있다. 100세 시대에 감당하기 어려운 노령화의 두려움, 극단적인 고단함으로 인한 OECD 최고의 자살률과 세계 최고 수준의 낮은 출산율로 인구절벽이 고앞에 있다. 어느 연구소에서는 우리 민족이 제일 먼저 사라질 것이라 한다. 진보/보수, 연령간, 지역간, 계층간, 업종간 등 아주 아주 다양한 갈등구조의 다양화와 심화 등 무수한 위기들이 지금도 있고 내일도 있을 것이다. 만약 이 와중에 삼성의 반도체 한 품목이 경쟁력을 상실한다면 우리의 경제 역시 함께 위기에 빠지는 것이 자명하다. 특히 최근 발생하고 있는 부동산값의 폭락과 갭 투자자의 절망스러움, 그리고 건설사의 연쇄 도산 우려 등은 일본의 전례와 비교되며 우리나라 전반에 심각한 위기감으로 다가오고 있다.

여기서 흔히 간과되고 있는 이슈를 제기하고자 한다. 인프라의 추가 건설이 불가할 정도의 입지 고갈 문제이다. 특히 에너지 분야는 아직 더 많은 인프라가 필요하다. 그런데 동해안에 그 비싼 발전소를 건설하고도 주민과의 갈등으로 송전탑 건설이 지연되어 언제나 발전(發電)을 개시할지 알 수 없는 지경이다. 폐기물들도 갈 곳을 잃고 수백 개의 쓰레기산들이 금수강산에 여기저기에 널려져 있다. 원자력발전 여부로 정쟁이 심화되어 있지만 보수나 진보나 공히 외면하는 사용후핵연료 역시 갈 곳을 찾지 못하고 있다. 재생에너지인 해상풍력은 어민들과의 갈등으로 사업자들은 크게 실의에 빠져있다. 이러한 극단적인 입지난은 향후 우리나라의 지속가능성에 근본적인 의문을 제기하고 있다. 공동체를 위한 양보는 존재하지 않는다.

앞으로의 거대한 위기들 앞에서 우리는 과연 과거와 같이 집단적인 에너지를 발휘하는 방식으로 돌파할 수 있을까? 위기 발생 시 다시 한 번 금 모으기와 같은 기적이 발생할까? 필자처럼 국가주의교육을 받은 세대들은 선공후사를 주장하며 개인의 삶을 조금씩 양보하며 살아왔다고 자부한다. 그러나 지금은 개인의 존재가 국가보다 더 중요하게 인식되고 있다. 우리 개개인에게는 이러한 거대한 위기보다는 당장 혹은 다음주 내게 생길지 모를 실업이나 승진 탈락 등이 더 명백하고 심각한 위험인 것이다. 나와 내 가족의 위기만이 진정한 위기이다. 그런데 분명한 것은 장기적인 우리 개개인의 행/불행은 대한민국의 전반적인 부의 수준으로 수렴될 것이다. 국익이 결국 우리 개개인의 이익이다.

이러한 내부적인 어려움은 그나마 우리가 노력해서 극복해야 하는 대상이다. 그런데 지금 논의하고자 하는 새로운 위기는 외부에서 쓰나미처럼 오고 있다. 말 그대로 새로운 것이고 거대한 것이다. 따라서 완전히 새로운 대응이 필요한 것이다. '전승불복'이라는 말이 요즘처럼 실감 나는 적이 없었다. 더 위험하다! 지난 60년은 너무나 우호적인 상황이었고 이제 그 좋은 시기는 끝났다. 선진국에 진입한 반면 우리의 의식과 인식은 후발개도국 수준이라는 여러 주장들은 무의미해질 수 있다. 다시 추락할 수 있기 때문이다. 우리의 선진국 입성은 아직 공고하지 못하다. 위태위태하다.

특히 외부 여건은 너무나 생경하다. 미·중 패권 경쟁은 우리에게 곤란한 선택을 강요하고 있다. 중국이 생각보다 만만치 않다. 미국이 주도하는 최근의 공급망 재편은 우리에게 큰 위기이다. 결국 글로벌 공급망의 차원에서 중국에 허용된 세계공장의 역할을 제재하고 동시에 고급 기술의 유출과 공유를 막는 것이다. 명청 간의 갈등 속에서 고민했던 광해군이 오늘을 사태를 보면서 뭐라 조언할지 궁금하다. 자유주의 무역구조의 퇴조 역시 우리와 같이 수출로 먹고사는 나라에게는 큰 위기임에 분명하다. 바이든 미국 대통령은 노골적으로 자국 인프라 건설에는 자국 생산 기술과 제품만을 허용한다고 이야기한다. 우크라이나 사태에서 보는 것처럼 큰 규모의 전쟁 역시 발생할 수 있는 평범한 사건이 되어버렸다. 이러한 여건 변화는 수출로 먹고사는 우리에게 치명적이다.

여기에 에너지 수급에 대한 문제를 생각해 봐야 한다. 우리는 단군할아버지가 나라를 세우신 이래 인류 역사상 단연코 고밀도 에너지사회를 구축한 것이다. 그러나 지하자원이 전무한 나라가 자랑하기에는 다소 불안한 측면도 있다. 자유무역체제 하에서는 자원 확보가 비교적 용이하였다. 즉, 공장이 잘 돌아서 외화를 벌면 국제 에너지시장에서 에너지를 얼마든지 수입할 수 있었다. 그리고 지난 수십 년간 잘 돌아갔다. 그러나 이제 이러한 시장에서 편안하게 석유와 가스를 수입하는 시기는 지나가고 있다. 우크라이나 사태가 그것을 보여주고 있다.

❖ 에너지 사용량 변화

주요 국가들의 1965년부터 2021년까지의 1인당 에너지 사용량을 살펴보면, 미국을 포함한 일부 선진국들은 과거 정점을 찍고 에너지 효율화 등을 통해 최근 감소하는 추세를 보인다. 반면 한국과 중국은 경제가 성장함에 따라 에너지 사용량이 비약적으로 증가하였다. 특히 2021년 한국의 1인당 에너지 사용량은 67,397kWh로, 캐나다와 노르웨이, 미국을 제외하고 OECD 국가 중 가장 많다.

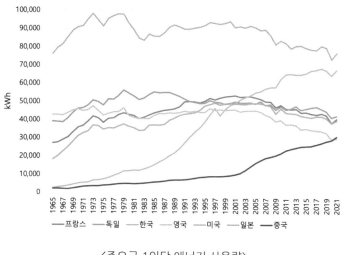

〈주요국 1인당 에너지 사용량〉

[Our World in Data, Energy use per person, 2023.02.12. 검색]
출처: https://ourworldindata.org/grapher/per-capita-energy-use?tab=chart

　예를 들어 만약 호르무츠 해협에서 미국과 이란 간에 전쟁이 발생한
다면 우리의 해상무역로는 당장 위협을 받게 된다. 석유나 가스의 도
입이 지연되면 일정 수준 비축분으로 감당하겠지만 한계가 있는 것
이 분명하다. 에너지의 물량 파동이 발생할 경우 우리 제조업은 당장
멈추게 되며 에너지와 관련한 지역 협력이 부재한 상황에서 세계 최
고밀도 에너지사회를 구축한 우리나라는 당장 모든 경제활동이 멈추
게 된다. 공장의 연료가 부족한 것을 넘어서 전기에너지가 끊어지면

1, 2차 석유파동 때와는 비교도 되지 않는 비극이 발생하는 것이다. 아마도 앞으로도 미국은 대(對)중국 봉쇄 정책으로 우리의 공급망에 대한 변화를 더욱 강력히 빈번히 요구할 개연성이 크다. 대만을 두고 미국과 중국 간에 전쟁이 발생한다면 우리의 공급망에 어떤 일이 발생할지 상상해보면 답이 없다. 요소수 품목 부족만으로도 그 난리가 나지 않았는가.

그런데 정작 이보다 더 큰 진짜 위기가 우리를 기다리고 있다. 바로 기후변화이다. 이 또한 세계 최고밀도 에너지사회를 구축한 우리에겐 특별히 심각한 위기일 수밖에 없다. 석유에 대한 의존도는 절대적이다. 수급이 되어도 기후규제에 무방비로 노출된다. 게다가 국내 자원은 턱없이 부족하다. 수출을 가로막을 민간 레벨의 RE100나 유럽의 CBAM 등은 점차 그 영향력이 더 증대될 것이 분명하다. 우리의 부의 원천이었던 중화학공업 입국의 성공은 지금 이 순간 신기루가 될 수 있는 것이다. 기후변화야말로 가장 근본적인 위기상황인 것이다.

해외 선진국들은 어떤 상태일까? 미국은 지난 시기 추진한 글로벌라이제이션이 자국의 블루칼라들을 가난하게 만들었다고 믿고 있고 통계적으로 보면 사실이기도 하다. 이에 대한 나름 열린 정책 기조를 주장하던 미국 민주당의 해법이 뜻밖에 IRA법이다. 극히 보호무역주의적 성격의 IRA법은 기후대응을 표방하며 사실상 강제로 해외에 존재하는 공장들을 자국으로 유치하는 것이다. 미국발 '혼자 잘 살아보세' 운동의 일환이기도 하다. 미국판 변용된 그린레이싱인 것이다. 미국은 이를 통해 핵심적인 그린화 기술과 공장을 자국 내 공급망으로 유치하기를 바라고 있다. 미국 정치판에서 블루칼라들의 표는 절대적이기 때문에 이러한 무리수를 쓴 것으로 이해된다.

이에 대하여 EU는 차별적 보호무역 조치로 지목하고 수정을 요구하였다. 그러나 결국 그들도 유럽판 IRA인 '탄소중립산업법'을 추진하고 있다. 이제 기후와 관련한 산업에 한하여 WTO와 같은 자유무역의 원리는 사라지고 있는 것이다. 이제 우리도 관련 산업의 경쟁력을 위한 대응조치가 불가피하다. IRA의 상당수가 우리나라의 주력 제조역량의 영역과 겹치기 때문이다. 지금 한미간에 뜨겁게 떠오른 현안인 전기차만이 아니다.

석유의 물량 파동이나 가격 파동이건, 혹은 글로벌 공급망 급변이건, 혹은 극심한 미세먼지에 의한 고통이건, 아니면 해수면 상승에 의한 국토의 왜곡이건 이제 모두 다 가시적인 옵션이 되어 있다. 이는 우리의 전략이 완전히 새롭게 변해야 하는 것을 의미한다. 최근 학계의 에너지안보 개념도 사고 발생 후 회복력을 강조하는 것을 볼 때 수급 불안이나 자원안보의 실패는 상수로 보는 것이 타당하다. 즉, 장기간의 비용효과적인 수급 안정은 이제 지나간 이야기일 가능성이 크다. 그러나 그 오래된 습관을 조정하는 것은 분명히 흡연자에게 금연을 의미하고, 술꾼에게는 금주를 의미하는 것과 다름없다. 과거 성공의 원리가 이제 실패의 원인이 될 수도 있다. 예전에 마누라하고 자식을 빼고 다 바꾸라고 하던 이건희 회장의 일갈이 생각난다. 여기서 가장 대표적인 60년짜리 굳어진 관행이 바로 에너지이다. 그간의 에너지의 성공은 미래의 국가 실패의 가능성이기도 하다.

제3장 민관이 함께해야 하는 제조업 분야가 있다.

우리가 성취한 자산 중 가장 유용하고 강력한 제조역량을 보존하는 것이야말로 우리의 미래를 위한 가장 중요한 전략적 선택이다. 우리는 반도체, 바이오, 국방, 정보통신 분야, 그리고 건설, 가전, 철강, 원자력, 수소, 자동차 등에서 상당한 글로벌 경쟁력을 확보하고 있다. 여기에 최근 인공지능, 우주항공 분야서의 활약도 돋보인다. 이들 역량은 분명히 앞으로 우리의 부를 유지시켜줄 것이라고 믿는다.

그러나 제조역량별로 그 특성이 상당히 상이하다는 것을 인식해야 한다. 디지털로 대변되는 산업군의 경우 철저히 민간 주도의 성격을 갖고 있다. 예를 들어 과연 삼성전자 반도체의 경쟁력 강화를 위한 정부의 역할이 얼마나 될까? 정부의 연구개발비 지원은 조족지혈일 것이다. 윤석열 대통령의 강력한 의지에 의한 세제 혜택은 나름 도움이 되었겠지만 근본적이지는 않을 것이다. 오히려 RE100과 같은 무역규제 문제를 해결해주는 것이 삼성전자의 입장에서 더 고마운 일이 될 것이다. 이것은 삼성전자가 할 수 있는 일이 아니기 때문이다. 이와 같이 우리의 주력 산업별로 독자적인 노력만으로는 한계가 있는 상황이 개별적으로 존재한다. 민관 간의 보다 전략적인 협업이 새롭게 설계되어야 하는 상황인 것이다.

반면에 정부가 적극 주도해야만 하는 분야도 존재한다. 가장 대표적인 사례가 에너지 분야이고, 특히 새로운 선택지인 수소사회 구축이다. 다른 에너지에 비하여 수소는 고밀도의 영양가를 자랑한다. 따라서 고밀도 제조강국의 에너지로서 수소는 매우 적합하다. 우리나라는 원전과 재생에너지의 공급 가능 총량에는 현실적 제약이 있다. 결국 화석연료의 이용은 불가피하다. 결국 기후대응과 화석연료의 공존을 위해서는 화석연료의 탈탄소화 이용 기술인 대규모의 블루수소 역시 불가피하다. 수소는 원전과 재생에너지의 궁합도 좋다. 그런데 이러한 수소의 공급, 이동과 활용 등의 전주지적 구축에는 정부의 적극적인 개입이 불가피하다. 반도체 지원정책과는 접근법이 근본적으로 다른 것이다. 대체적으로 그린화는 정부의 리더십 하에 기업의 혁신 노력이 병행해야 하는 것이다.

우리나라도 탄소중립이나 녹색성장이라는 기치 아래 이명박 정부 이래 각 정부는 성과에 무관하게 나름 체계적으로 노력은 하고 있다. 그러나 우리 산업의 그린화가 더딘 것도 사실이다. NDC 목표 설정에도 불구하고 실질적인 관행은 여전히 과거의 방식을 고수하고 있다. 탄소중립은 여전히 계획상에 존재하며 아직은 실체적 정책은 아니다. 기후정책과 NDC는 환경 쪽 의제로 이해되고 있다. 그나마 이 주제에 적극이었던 문재인 정부도 실질적 변화보다는 스타일리스틱한 비전제시 정도에 머물렀다. 요금 조정 등의 실질적 조치를 유예한 것이다.

그린화가 실패하면 삼성전자나 포스코는 공장을 해외로 옮겨야 한다. 그러한 측면에서 에너지안보와 제조업의 그린화에 대한 투자는 정부의 주도 하에 보다 긴밀한 민관의 협업이 강조될 수밖에 없다.

탄소중립 선언에 가장 뜨겁게 답한 그룹은 우리나라 제조기업들이었다. SK, POSCO, 두산, 한화 등과 작년 말 RE100을 선언한 삼성까지도. 우리의 주력 제조역량도 그린에 대한 욕구가 상당히 강한 편이었다. 이들이 하는 전기차, 수소, 해상풍력 등의 그린화 사업은 대부분 에너지 시스템에서 작동하고 그 성과가 거래된다. 따라서 정부가 선제적으로 에너지 시스템을 혁신하여 이들의 기술을 수용해주어야 한다. 이러한 통합적인 전환을 얼마나 빠르게, 그리고 얼마나 기술혁신적으로 실천하는가가 우리나라 경쟁력의 미래다. 그러면 우리는 강력한 제조업과 강력한 에너지안보를 얻을 수 있다. 다시 말하자면 산업정책과 에너지정책을 하나로 수렴시키고 통합적으로 혁신해야 하고, 그것도 레이싱하듯 다른 나라보다 더 빠르고 더 포괄적이고 더 통합적으로 처리해야 한다. 그래서 그것을 '그린 레이싱'이라고 하는 것이다.

그런데 우리는 어느 나라보다 이러한 합동성을 통한 성공사례를 가지고 있는 나라이다. 에너지정책을 이용하여 산업정책과 연동시킨 대표적인 사례로서 효율등급제도를 들 수 있다. 소비자들이 통상 가전제품을 살 때 볼 수 있는 5등급 표시로 이미 많이 알려진 제도이다.

이 제도는 동력자원부 시절 1992년에 급박하게 시행되었다. 당시 가전업계는 이 제도에 격렬히 반대하였던 기억이 생생하다. 그리고 품목을 관장하던 상공부 역시 적극적인 반대를 표명했다. 한 기업 관계자는 이 제도가 도입되면 "미국 월풀 제품이 우리나라 시장을 석권할 거라 단언했다". 그러나 이 제도 시행 후 우리나라 가전은 내수에서의 효율 경쟁을 통하여 세계 최고 수준의 효율을 실현하였다. 이것이 우리나라 백색가전의 글로벌 경쟁력 확보의 초석이 되었다. 이는 관련 기업들의 증언이기도 하다. 이와 같이 에너지 효율의 기술규제는 시장의 고효율화뿐 아니라 관련 기업의 경쟁력도 함께 올릴 수 있는 '선한' 규제인 것이다.

우리처럼 자원이 없는 국가에서 자원 확보의 가장 핵심적 전략은 기술적 자원으로 무장하는 것이다. 예전 로마클럽[10]은 「성장의 한계」 보고서에서 기술의 역할에 대하여 유보한 바 있다. 그런데 이제 이 시점에서 대한민국의 해법은 기술뿐이다. 그리고 기술적 자산은 단순히 에너지원뿐 아니라 전기차, 수소차, 스마트그리드, 수소환원제철법 등 모든 응용영역을 다 아우르며, 우리는 모두에서 경쟁력을 갖추

---

10) 1968년 아우렐리오 페체이(Aurelio Peccei)가 주도하에 이탈리아 로마에서 서유럽의 지도급 인사들이 모여 결성한 국제적인 미래 연구기관. 천연자원의 고갈, 환경오염 등 인류의 위기를 어떻게 타개할 것인지를 모색하고 인류에게 위기에 대해 경고·조언하는 것을 목적으로 한다. 1972년 「성장의 한계」라는 보고서를 발표하여 제로 성장의 실현을 주장하기도 했다.

고 있다. 로마클럽에게 우리는 큰 소리로 이야기할 수 있다. 대한민국은 지속가능성을 담보하는 기술의 역할을 긍정한다고. 이것이 앞으로 정부가 앞장서야 하는 신산업정책이다.

　우리 기업들은 이미 투자에 적극적이다. 반면 중앙정부와 지방정부들은 너무나 무기력하다. 지난 문재인 정부는 의욕만 넘쳤고 윤석열 정부는 관심이 부족하다. 태양광은 적폐 에너지로 몰리고, 해상풍력이나 수소에너지 등 미래 먹거리에 대해서는 너무 무관심하다. 가스 직도입으로 얻은 이익은 부당한 횡재라는 판단하에 임의로 회수하려고 한다. 그린 레이싱은 기업 간의 경쟁이 아니라 국가 간 민관의 합동성의 역량과 관련한 경쟁이다. 기업이 혼자 할 수 있는 게임이 아니다. 그런 면에서 기후와 관련한 그린 레이싱은 국력의 총합의 전쟁이다. 그런데 우리는 진척이 없다. 투자는 타이밍이다. 시간과의 싸움에서 우리는 이미 지고 있는 것이다.

제4장 왜 탄소중립이 제조강국의 핵심 정책인가?

우리는 격변하는 여건 속에서 여하히 제조역량과 에너지안보를 지켜내야 한다. 그렇다면 이 둘을 어떻게 건강하게 유지하고 발전시킬 것인가? 어떤 정책을 중심에 두고 이들을 진화시킬 것인가는 매우 중요하다. 수많은 정부 정책 중 무엇을 중심 정책(앵커)으로 활용할 것인가는 바로 국가 전략의 핵심이다. 그런데 그 주요 정책들은 정부 부처와 위원회들의 개수만큼이나 무수히 많고 복잡하다. 게다가 5년 단기 정권의 특성상 정책은 변덕스럽게 변한다. 5년마다 국가 기조가 변동되는 현실 속에서 어느 정책이 그린 레이싱이라는 중장기 과제로서 국민들로부터 공감을 받으며 장기간의 혁신 과정을 가장 안정적으로 담보해줄 것인가?

대한민국은 1962년 이래 정부가 장기계획을 수립하여 국가를 이끌어왔다. 우수한 공무원들이 애국적으로 일을 했고 기업들과 보폭을 맞추며 지금까지에 이르고 있다. 경제개발 5개년계획, 에너지기본계획 등 무수한 계획들이 성공적으로 운영되었다. 개발독재 시절을 이끈 힘은 '수출 100억불'이라는 목표를 민관이 모두 적극적으로 수용하고 노력한 결과이다. 이것이 우리나라의 그간의 리더십의 방식이었다고 필자는 생각한다.

그런데 점차 정부의 계획들이 너무 다양해지고 복잡해져서 마구 엉키는 느낌이 있다. 그 와중에 '5년짜리 정권'의 특성으로 인하여 정책의 안정성이 크게 훼손되는 경향이 생긴 것이다. 우리나라의 전통적인 리더십에 무언가 혼선이 생기고 있다. 그리고 아마 이러한 혼선은 정권이 바뀌어도 계속될 가능성이 크다. 요즘은 4, 5년마다 갱신되는 국회와 광역/기초지자체의 선출직들이 과거시험에 합격한 관료를 완전히 압도하면서 그 불안정성이 극대화되고 있는 실정이다. 실력보다는 인기가 우월해진 것이다.

그런데 이러한 현상은 우리만의 경우는 아닐지도 모른다. 이제 장삼이사들도 스마트폰을 통하여 어마어마한 정보를 확보하고 모두 세상을 꿰뚫어보는 제갈량이 될 수 있다. 그래서 일전에 유럽에서 유행한 책이 있었는데 그 제목이 『통치 불능의 시대』다. 왕정의 한계를 극복하고 소수의 자격이 검증된 엘리트, 즉 공무원들이 다스리는 관료사회가 정보력 측면에서 절대우위가 사라지고 있는 것이다. 계획을 수립하고 집행해야 하는 삼권분립 하의 관료들은 무자비한 선출직과 똑똑한 국민들 사이에서 힘이 든다. 참 버겁다.

이렇게 복잡한 세상에서 우리는 무언가 중심이 될 만한 공동의 방향성을 공유해야 한다. 우리 국민에게는 무언가 공동의 목표를 설정되면 무지막지한 힘을 결집해서 위기를 극복하는 전통이 있다. 금 모으기에서 보여준 국민의 자발적 역동성이 바로 그것이다. 그리고 정무적 감각이나 수준도 대단히 높은 민족이다. 우리 국민 혹은 소비자들을 결집시킬 중심 정책은 무엇일까? 국익과 세계 평화에 동시에 기여할 만한 가치가 있는 이슈는 무엇일까? 그리고 우리 기업들이 탐낼 만한 동기부여를 할 수 있는 정책 이슈는 무엇일까?

너무나 취약해진 정부의 계획들을 안정감 있게 가져가기 위한 새삼스러운 노력이 필요하다. 어떻게 하면 이런 것들이 가능해질 것인가? 어떻게 해야 기업들이 정부 정책을 믿고 투자를 할 수 있을까? 그 중심 계획으로서 조건은 다음과 같다. 전 국민들이 인지해야 하고, 미래 기술의 진화 방향과 일치해야 하고, 여타 계획을 포괄할 수 있어야 하고, 우리 제조업의 진화 방향과 일치되어야 하고, 장기적인 목표에 글로벌리 바인딩되어야 한다. 그것이 앵커 계획인 것이다.

나는 과감히 기후변화정책을 제안한다. '탄소중립과 NDC'를 중심 정책으로 제안한다. 현재도 이 기후정책들은 형식상 상당히 높은 위상을 갖고 있고 이를 관철시키기 위하여 '탄소중립녹색성장위원회'를 운영 중이다. 그러나 부족하고 애매하고, 한편 지나치게 경직적이고 구속적이다. 특히 국민적 인지와 공감대, 그리고 지지는 부족하다. 현재로서는 그냥 위원회 중 하나일 뿐이다.

물론 탄소중립은 실현 가능성이나 그 비용의 규모를 생각할 때 우리 경제에 상당한 부담이 되는 것은 사실이다. 박근혜 정부 시절 국가 감축 목표를 30%에서 36%로 증대시킬 때 경제관료들이 나라가 망할 거라 우려하던 모습이 생각 난다. 그만큼 어렵고 부담스러운 숙제이고 독인 것이다. 그러나 파리협정의 정신에 비춰볼 때 목표는 자율적으로 설정되고 목표 달성 실패에 대한 페널티는 없다. 다만 설정된 목표의 후퇴 금지 원칙만 준수되면 된다. 우리 정부는 목표 달성에 대하여 지나치게 경직적이고 강박적이다. 다른 나라보다 빠르게 움직이는 것만으로도 충분하다.

반면 이미 글로벌화되어 있는 우리 제조기업들은 이러한 기후규제에 대하여 국민이나 정부에 비하여 경험칙으로 더 잘 이해하고 있다. 규제의 실체성과 동시에 새로운 비즈니스의 기회로 인식하는 경향이 있다. 그래서 가장 적극적으로 탄소중립을 수용하는 집단이다. 국민들의 입장에서도 기후대응은 미세먼지 대응정책과 거의 완벽하게 일치되므로 협조적일 것이라 믿어본다. 기후정책의 실천과제들은 대부분 그 강도가 다소 과도하게 높아도 그 부작용이 거의 없을 만큼 건강하다. 우리와 같은 자원 빈국의 입장에서는 더욱더 강도 있게 추진해야 하는 사업들인 것이다. 기후대응은 쓰지만 몸에 좋은 약이다. 모든 국민들을 결집시키는 나름 숭고하고 실용적인 목표로 탄소중립을 활용할 수 있다. 우리의 강점을 잘 활용한다면 우리는 우리의 성취를 보존하고 동시에 혁신을 이루어 인류의 공존에도 기여할 수 있다. 필요한 것은 지혜와 용기이다.

  기후와 탄소중립은 우리에게 독이지만 동시에 약이 될 수 있다. 현재 확보한 제조역량이 더 늙기 전에 다시 한번 도약하여 새로운 제조역량을 거듭나는 계기로 삼아야 한다. 다른 나라보다 더 빠르게 혁신한다면 미·중 간의 패권 싸움에서 우리는 우리의 지위를 지켜낼 수 있다. 더 나아가 더 강력한 국가로 자리할 수도 있다. 그런데 이를 위해서는 우리 국민들의 탄소중립에 대한 공감대가 필요하다. 소비자들의 비용 부담에 대한 동의가 없으면 그냥 독일 뿐이다. 그리고 장기적인 경쟁이므로 일관된 지지가 필요하다. 국민들의 정치적 지지가 없다면 역시 그냥 독일 뿐이다. 결론적으로 제조강국의 지위를 유지할 것인지 말 것인지는 오롯이 국민의 선택에 달린 일이다.

제3부

에너지 기술의 혁신으로 돌파한다.
: 그린 레이싱

　그린 레이싱은 이미 오래전에 소개된 단어이다. 우리도 이명박 정부 때부터 식상할 정도로 많이 강조해온 것이기도 하다. 한때 녹색성장을 우리나라의 트레이드마크처럼 전 세계에 자랑질하던 시절도 있었다. 그러나 우리가 자랑하던 것에 비하여 우리의 성과는 매우 초라하다. 글로벌 기업들은 오히려 이에 대하여 더 강력한 자발적 혁신을 시도하고 있다. 애플이 삼성에게 RE100을 요구하듯, 르노와 닛산이 포스코에게 탄소중립 철강을 요구하는 시대이다. 이미 레이싱은 시작되었다. 이제는 누가 더 빠르게 혁신하는가가 모든 것을 결정한다.

　그린 레이싱의 본질은 결국 기후대응에 필요한 기술력의 선점에 대한 것이다. 누가 먼저 수소환원제철법을 성공시킬 것인가, 누가 먼저 RE100을 충족시키는 반도체를 생산할 것인가, 누가 먼저 더 경제성 있는 전기차와 충전 인프라를 구축할 것인가, 누가 먼저 핵융합이라는 궁극 기술을 선점할 것인가 등의 기술력 전쟁이 시작된 것이다. 어느 나라가 이러한 혁신적인 에너지기술을 먼저 개발하고 먼저 산업화하고 먼저 보급하고 먼저 수출할 것인가의 경쟁이 바로 그린 레이싱의 요체이다. 그리고 우리도 정부도 실감을 못하고 있지만 우리 기업들은 이미 살벌한 그린 레이싱의 전투에 돌입한 상태이다. 레이싱은 이미 시작되었다. 미국은 IRA법을 통하여 중국에 있는 공장뿐 아니라 우리나라의 공장도 욕심껏 가져가려 한다. 뒤처지면 죽는다.

지금까지 제조업에 대한 산업정책과 저탄소화의 에너지정책, 그리고 환경정책들은 상호연계성이 미약하였다. 그런데 탄소중립을 둘러싼 흐름 속에서 점차 융합하기 시작하면서, 특히 에너지의 역할에 대한 변화 필요성이 대두되고 있다. 산업정책, 환경정책, 그리고 기후정책에서의 에너지의 임무가 엄청나게 확장되고 강화되고 있기 때문이다. 한 마디로 지난 60여 년간 주어졌던 에너지의 임무가 근본적으로 바뀌고 있다. 에너지 분야에 종사한 지 30여 년이 되어가는 필자의 입장에서는 후방 군수부대 소속에서 최전방 최선봉 돌격부대로 전출된 느낌이다. 흥분된다. 그 직접적인 사례가 바로 CBAM이나 RE100이 아닌 미국의 IRA법인 것이다. 에너지의 임무는 변화하고 있다.

최종적인 목표는 제조업의 그린 혁신으로 기확보한 강력한 디지털

역량과 함께 현재의 제조국가의 경쟁력을 유지하는 것이다. 동시에 그린은 반드시 도덕적 가치를 수반하므로 도덕적 혁신으로 선진국 모델을 확보하는 것이다. 만약 이것을 실패할 경우 현재의 상태를 유지하는 것이 아니라 현재 선진국의 지위와 제조강국의 지위를 상실할 가능성이 매우 크다. 즉 살아남으려면 반드시 가야 하고 빠르게 가야 한다. 그래서 레이싱이라고 하는 것이다. 공급망 개편이 급변하는 지금 시점을 놓쳐서는 안 된다.

지정학적으로도 우리나라는 승산이 있다. 이미 강력한 방산산업을 보유하고 있다. 또한 중국에서 이탈한 공장의 대체부지 제공도 가능하다. 홍콩이나 싱가포르, 도쿄의 사무공간도 서울이나 인천 송도로 유지할 수 있다. 유럽은 해상풍력의 거점으로 우리나라와 협력하고자 한다. 우리는 나름 다양한 장점을 갖고 있다. 그런 면에서 KAIST가 매년 출간하는 '카이스트 미래 전략' 시리즈 중 2023년도의 핵심은 '기정학의 시대'이다. 이는 우리가 최근 자주 들어왔던 지정학에 대한 대응어의 의미를 갖는다. 즉, 패권은 지리적 위치가 아니라 기술적 우위에 있다는 것을 강조한다. 핵심 기술 등 구체적인 내용은 다소 추가적인 논의가 필요하다. 최근 챗 GPT[11]의 등장으로 미국 실리콘밸리의

---

11) Generative Pre-trained Transformer(GPT)라는 약자와 CHAT(챗)이 합쳐진 합성어. 테슬라의 CEO 일론 머스크가 세운 AI 기업 '오픈AI'가 출시한 인공지능 서비스로 인간과 채팅하는 챗봇을 말한다.

빅테크 회사들도 충격을 받고 있다. 기술의 진화 속도가 우리가 예상하던 것보다 훨씬 더 빠르기 때문이다. 이는 기정학에서 제시하는 미래 핵심 7개 기술이라는 것도 변동의 개연성이 크다는 뜻이다. 에너지 기술 역시 현재 혁신의 속도가 빨라지고 있다.

기후대응 궁극 기술을 중심으로 에너지정책과 산업정책을 융합한 신산업정책의 관점은 의미가 더 커진다. 그리고 그것이 바로 그린 레이싱이다. 그린 레이싱의 핵심은 바로 빠르게 혁신하는 것이다. 다른 나라, 다른 기업보다 빠르게 혁신해야 한다. '빨리빨리'의 정신이 다시 필요하다. 국민과 소비자, 지역주민들이 모두 공감하며 빠르게 혁신 에너지기술을 수용해야 한다. 더 많은 보조금을 더 짧은 기간에 가속적으로 쏟아부어야 한다. 더 빠르게 실증하고 더 빠르게 양산체제를 구축해야 한다. 더 빠르게 다른 나라와의 전략적 협업으로 글로벌 공급망 재편에 주도권을 행사해야 한다. 그리고 우리의 건물, 수송, 산업의 물적 기반을 전환시켜야 한다. 방향은 정해져 있다. 이제는 빠르게 움직일 것인가만 남아있다. 빠른 자가 위너가 된다.

제1장 그럼 기후협약에 어떻게 대응할 것인가?

무수히 일상적으로 듣게 되는 기후협약에 대응하기 위하여 무엇이 필요한가를 살펴보자. 일단 대응하기 전에 현재대로 갈 경우 우리나라에 어떤 일들이 발생하는지부터 살펴보자.

어쨌든 우리는 파리협정에 가입한 마당에 기후변화에 적응하고 기후협약에는 대응해야 한다. 이와 관련하여 큰 틀에서 세 가지 핵심 이슈가 있다. 첫 번째는 파리협정상의 탄소중립선언과 NDC에 대한 입장 정리(Negotiation)이다. 물론 우리는 파리협정에 충실해야 한다. 그러나 파리협정 자체가 도덕적 구속성에 머무르는 한계가 있다. 유연하다는 점이다. 따라서 현안인 NDC의 현실적 조정에 대한 우리나라의 입장을 현명하게 정리할 필요가 있다. 이는 현재 법적으로 탄소중립녹색성장위원회가 다룰 것이기에 이 책에서는 취급하지 않겠다.

두 번째는 적응(Adaptation)의 문제이다. 어차피 기후체계는 변화한다. 현재도 이미 우리나라는 겨울철 삼한사온은 없다. 그리고 사계절도 여름과 겨울의 2계절로 바뀌는 것을 경험 중이다. 강수량도 변화되면서 작물의 변경도 불가피하다. 그리고 세월이 가면 한반도의 해수면은 올라가서 몇 개의 도시나 섬은 물에 잠길 것이다. 이러한 적응은 감축보다 더 중요하다. 자연의 변화에 대한 예측과 대응이 필요하다. 만약 우리가 적응에 성공하여 고부가가치 농작물을 생산·수출해서 먹고살 수 있다면 너무나 좋은 일이 되겠지만. 올라오는 해수면을 바라보면서 그런 희망적 생각은 어렵다. 이러한 적응에 성공할 수 있다면 오히려 기후변화는 축복이 될 수도 있다. 이 적응에 대한 부분은 해당 분야의 전문가들에게 의견을 들어보는 것이 좋을 듯하다. 이 책은 에너지에 관한 이야기를 주로 취급하고 있다.

  세 번째 이슈가 있다. 감축(Mitigation)과 관련한 사항으로서 NDC와 탄소중립처럼 우리 사회의 중장기 배출량의 통제에 관한 사항이다. 가정상업, 수송, 산업 및 전환 등 부문별 온실가스 감축에 대한 정부의 로드맵에 대한 것이다. 우리나라는 파리협정에 의거하여 이미 NDC를 제출한 바 있다. 감축 목표량의 적정성에 대한 논쟁은 지속적으로 제기되어왔다. 예를 들어 박근혜 정부 시절 대통령 방미 이전 우리나라 감축 목표를 30%에서 36%로 상향 조정한 바 있다. 당시 공무원들이 사색이 되어 대한민국이 위태해졌다고 우려하던 모습이 선하다. 그런데 불과 몇 년 만에 탄소중립을 선언하였으니 당시 우려를 표하던 공무원은 뭐라 하고 있을까? 하여간 상당한 비용을 지불하고라도 우리는 국제사회에 감축의 약속을 공식적으로 제기한 것이다.

❖ 한국의 국가결정기여(Nationally Determined Contributions, NDC) 주요 내용

우리나라는 2015년 6월, 2030년 배출 전망치(Business As Usual, BAU) 대비 37% 감축을 목표로 하는 첫 번째 국가결정기여(이하 NDC)를 수립하고 이를 UN에 제출했다. 파리협정상 당사국은 5년마다 기존의 NDC보다 진전된 목표를 포함하고 있는 NDC를 마련하여 통보해야 한다. 따라서 2019년 12월 감축 목표 설정을 기존의 배출 전망치 방식에서 절대치 방식으로 변경하였고, 2020년 12월, 2018년 대비 26.3% 감축 목표를 UN에 제출했다. 그 후 2050 탄소중립 선언에 대한 후속 조치로 탄소중립·녹색성장기본법에 명시된 최소 NDC 기준인 2018년 대비 35% 이상을 감축한다는 목표를 설정했으며, 최근 목표를 40%로 상향했다. 부문별 감축 목표를 살펴보면, 전환 부문의 감축 목표가 119.7백만 톤CO2eq.로 가장 크고, 산업 부문의 감축 목표는 37.9백만톤CO2eq.이다. 또한 산림 등 흡수원, 이산화탄소 포집·활용·저장(Carbon Capture, Utilization & Storage, CCUS), 그리고 국외 감축을 통해 70.5백만 톤CO2eq.를 감축할 계획이다.

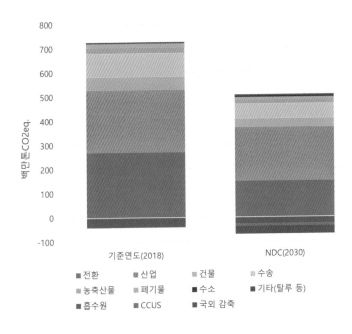

〈부문별 온실가스 배출 목표〉

[탄소중립녹색성장위원회, 2030 국가 온실가스 감축 목표]

[관계 부처 합동, 2030 국가 온실가스 감축 목표(NDC) 상향안, 2021.10.]

출처: https://2050cnc.go.kr/base/contents/view?contentsNo=11&menu-
Level=2&menuNo=13

https://policy.nl.go.kr/search/searchDetail.do?rec_key=SH2_
PLC20210275949

기후변화협약에 대한 논의가 시작되는 20여 년 전에는 대부분의 논의가 감축에 집중되어 있었다. 협상의 측면에서는 교토의정서상 개도국은 감축 의무가 없었기 때문에 우리나라도 협상의 부담이 비교적 적은 상황이었다. 그리고 당시 기후대응의 시급성에 대하여 지금과 같은 기상이변이 적었기 때문인지 기후 이슈는 거대한 문명적 담론과 같은 먼 미래의 이야기였다고 보는 것이 타당하다. 엘 고어만의 고상한 논의였다. 한편 그러한 맥락에서 적응 이슈 역시 정부 내 논의 과정에서도 그다지 큰 이슈는 아니었던 것으로 기억된다. 일부 환경론자나 기상학 분야에서의 관심사항이었던 것 같다.

감축은 기본적으로 건물(가정상업 등), 수송, 산업, 그리고 전환(전력 등)으로 구분되어 논의된다. 예전에는 감축이 에너지절약으로 통쳐지던 시절이 있었다. 그러나 우리도 고도화되고 각종 사회적·물적 기반이 확대되면서 감축은 대단히 복잡한 시스템적 이슈로 바뀌고 있다. 감가상각이 충분히 남아있는 상태에서 엄청난 물적 기반과 자산을 전면적으로 교체해야 하는 거대한 투자 사업인 것이다. 예를 들어 엄청난 비용이 투입된 석탄발전소를 어떻게 할 것인가는 현재도 심각한 이슈이다. 그럼에도 우리는 NDC를 통하여 감축을 약속하였다. 게다가 문재인 정부 당시 탄소중립을 공식 선포하기도 하였다. 파리협정의 정신에 입각하여 목표의 후퇴는 불가능하다. 이러한 감축 과정에는 막대한 비용이 수반된다. 이때 혁신적인 자국의 기술을 활용한다면 우리 제조역량의 혁신을 위한 마중물로 활용할 수 있는 것이다. 기왕의 비용이 우리 산업을 위한 투자로 전환되는 것이다.

이미 각국의 주요 제조기업들은 RE100 등으로 파리협정과 무관한 자발적 기술규제에 참여하고 있다. 이러한 변화로 인하여 각국의 기업들은 탄소중립을 위한 노력을 경주 중이며 그 변화의 속도는 어마어마하다. 그러나 우리 정책들은 'Fool in the Shower'의 모습을 보이고 있다. 우리와 미국 간의 IRA상의 전기자동차 보조금은 그 전조일 뿐이다. 이제 에너지정책과 산업정책은 점차 하나로 통합되어가고 있다. WTO는 보이지도 않는다. 우크라이나 사태에도 불구하고 국제사회는 탄소중립을 포기하고 있지 않다. 독일은 오히려 러시아의 가스로부터 자유로워지기 위하여 탄소중립과 재생에너지에 대한 더 강력한 의지를 표하고 있다. 고비는 있겠지만 어차피 인류는 탄소중립의 일방향으로 흘러갈 것이다. 2050 탄소중립의 실천 가능성은 중요하지 않다. 어차피 티핑 포인트(Tipping Point)는 넘어서 있을 가능성도 크다. 문제는 다른 경쟁국보다 늦어지면 관련 산업을 상실하게 된다. 우리 경쟁국보다 더 빠르게 시장과 기술 흐름에서 혁신하면 성공하는 것이다. 그린 레이싱은 지구를 지키는 것이 아니라 국익을 지키는 새로운 산업정책이기 때문이다.

❖ 티핑 포인트(Tipping point)

티핑 포인트는 작은 변화가 시스템의 상태나 발전을 급진적으로 변화시킬 수 있는 임계점을 의미하며, 기후변화 분야에서 지구 온난화가 멈추더라도 기후 시스템에 돌이킬 수 없는 변화를 일으키는 지점을 의미한다. 기후변화로 인해 이미 그린란드 또는 남극 서부의 빙상이 붕괴되고, 아마존의 열대우림이 고사하며, 영구동토층 북부를 상실하는 등의 현상이 나타나고 있다.

최근 기후변화로 인한 티핑 포인트를 연구한 Mckay et al.(2022)는 지구 온난화로 인한 잠재적 목록을 열여섯 가지로 선정했다. 이 중 그린란드 또는 남극 서부의 빙상 붕괴를 포함한 네 가지는 현재 수준(산업혁명 이전 대비 1.1℃ 상승)에서도 티핑 포인트에 도달할 가능성이 있으며, 파리협정에서 합의된 1.5℃ 상승 목표에서조차 거의 확실하게 도달할 것으로 추정됐다. 티핑 포인트는 정확하게 예측하기 어렵고, 하나의 변화가 다른 변화를 강화하고, 그에 따른 도미노 효과가 발생할 수 있다.

〈티핑 포인트 [Climate Science]〉

[Armstrong McKay, David I., et al., "Exceeding 1.5℃ global warming could trigger multiple climate tipping points", Science 377.6611 (2022): eabn7950.]

[한겨레, 인류 멸망까지 임계점, 기후위기 다섯 가지는 이미 놓쳤다, 2022.09.]

[Climate Science, Tipping Points: Why we might not be able to reverse climate change, 2022.02.]

출처: https://www.science.org/doi/10.1126/science.abn7950

https://www.hani.co.kr/arti/society/environment/1058469.html

https://climatescience.org/advanced-climate-climate-tipping-points

이러한 접근법은 지구상 모든 국가에 공히 적용되는 공식이다. 이러한 부문에 대하여 누구나 치열하게 고민하고 혁신 중에 있다. 국가, 기업, 그리고 개인 모두. 앞서 이야기한 것과 같이 기후변화로 인하여 인류가 공멸하지는 않는다. 그 와중에도 위너는 존재하기 마련이다. 이러한 경쟁에서 빠르게 적응하거나 빠르게 혁신하는 국가나 기업이 승자가 될 것이다. 예전 클린턴 정부 시절 기후대응에 적극적이었다. 기후대응은 어느 나라나 기존의 산업계 입장에서 부담스러운 이슈이기는 마찬가지이다. 또한 국민들도 비용 부담에 대한 반발이 예상되기도 한다. 당시 클린턴은 기후대응을 위하여 비용을 지불하면 결국 수백만 개의 새로운 일자리가 창출될 것이라고 국민들을 설득하는 연설을 한 바 있다. 엘 고어는 기후위기를 설파하며 지구를 지키자고 했지만 클린턴 대통령은 일자리의 창출로 국민을 설득하고자 한 것이다.

어쨌든 빨리 적응하고 빨리 혁신한 자가 유리하다. 이러한 흐름을 우리는 그린 레이싱이라고 칭해왔다. 그러나 구호만 있고 실천은 매우 부족하였다. 그런데 그 근저에는 결국 에너지가 존재한다. 미국과 중국으로부터 강력한 제조업을 견지하기 위한 단 하나의 해결은 기술의 혁신과 빠른 시장의 전환이다. 제주 CFI(Carbon Free Island : 탄소 없는 섬), KMEC 등과 같이 매번 미진했으나 매번 시도해왔던 변화인 것이다. 기후대응은 피할 수 없다. 우리는 대규모의 혁신과 전환을 하기에 적합한 사이즈이다. 우리는 기꺼이 우리나라를 기후대응의 테스트베드로 활용해야 한다. 그래야 우리의 제조산업을 지키고 우리의 부를 유지할 수 있다. 감축과 적응에 더 집중하는 것이 바람직하다.

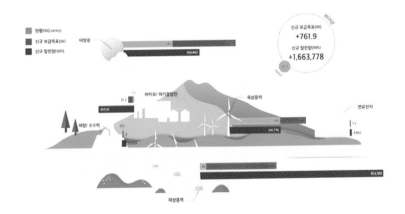

출처: http://www.kea.kr/elechistory/access/ecatalogt.php?callmode=&catimage=&eclang=ko&Dir=564&um=t&start=0

https://www.investkorea.org/jj-kr/bbs/i-1154/detail.do?ntt_sn=3

제2장 기후대응과 제조 강국을 지켜내는 돌파기술들이 있다.

근대 이후 인류문명의 지속가능한 발전에 대한 최초의 우려를 표했던 것은 1972년도의 로마클럽이 발간한 「성장의 한계」 보고서다. 그런데 이 보고서에서 마지막까지 고심했던 부분이 있다. 바로 '기술의 역할'에 관한 사항으로서 당연히 시간에 따라 진화할 것으로 예상되는 기술이 문제를 해결할 것인지 혹은 악화시킬 것인지에 대한 판단을 유보하고 있다. 흥미로운 것은 그들은 과학자들을 '천박한 낙천주의자'라고 평가하며 기술에의 과잉 기대에 대하여 경계하고 있다. 현재는 영화 〈킹스맨〉에서와 같이 인구 수를 강제로 절반으로 줄이는 시도 정도면 모를까 통상적인 방법은 불가능하다. 결국 기술 혁신, 특히 에너지기술의 혁신만이 유일한 합리적 해법이라고 보는 것이 타당하다.

정부 주도의 본격적인 에너지기술의 시작은 석유파동으로 인한 충격에서 시작된다. 당시는 기후대응이 아니라 에너지의 고갈성이나 지정학적 불안정성에 대응하기 위한 시도였다. 일본은 신재생에너지의 '썬샤인 프로젝트'와 효율화의 '문라이트 프로젝트'를 착수한다. 일본은 전통적으로 에너지안보를 핵심 국가정책으로 설정해왔다. 90년대 중반 일본의 에너지기술에 대한 연구개발비가 정체된 시기가 있었다. 당시 우리도 에너지기술 개발 10개년계획을 수립 중이었다.

필자가 직접 일본 정부를 방문하여 그 예산의 정체 이유를 들어본 바 있다. 당시 담당 과장은 일본 의회는 에너지와 관련된 정부 측 예산 요청을 항상 원안대로 수용하는 관행이 있었다고 전하면서, 에너지기술 개발의 성과가 너무 적어서 차마 더 올려달라는 요구할 수 없어 그리 된 것이라 설명해주었다. 에너지를 업으로 하는 필자의 입장에서 부럽고 놀라운 경험이었다.

세월과 함께 기후대응이 본격화되면서 전통적인 에너지기술의 영역이 확장되고 있다. 제로 에너지 빌딩, 수소에너지, SMR[12], ESS[13], 수소환원제철법 등 기존에는 소홀히 다루던 기술군들이 전면에 나타나고, 또한 혁신의 속도도 빨라지기 시작하였다. 이는 정부의 정책적 보급으로 수요가 늘어 양산효과가 기대되기 시작하였고, 디지털화의 영향으로 혁신과 융합이 활성화되고, RE100 등 기후 관련 규제의 강화로 혁신의 강도도 증대되었기 때문이다. 드디어 정책이 시장과 기술을 선도하기 시작하고, 급기야 빌 게이츠가 정책의 중요성을 설파하기 시작하는 단계에 이른 것이다. 누가 먼저 기후대응에 강력한 해법을 제공할 기술을 획득할 것인가는 국가 간의 경쟁으로 진화되면서 말로만 진행되던 그린 레이싱이 본격화된 것이다.

---

12) 소형 모듈 원전. 대형 원전 10~20분의 1 이하 크기인 전기 출력 100~300MWe (메가와트)급 이하의 원전을 말한다.
13) 에너지 저장 시스템. 태양광·풍력발전으로 생산된 전기를 배터리에 저장했다가 일시적으로 전력이 부족할 때 쓸 수 있도록 하는 장치를 말한다.

이러한 에너지기술 중에서도 혁신이 어렵지만 실현되면 상당한 효과가 담보되는 강력한 기술을 우리는 돌파기술 혹은 궁극기술이라 칭한다. 이와 관련하여 100여 명의 에너지 및 기후 등의 전문가로 구성되어 우리나라 LEDS(장기 저탄소 발전전략)를 기획한 '2050 넷제로 포럼'에서 기후대응에 핵심적인 기술들을 정리한 바 있다. 이 기술들을 선점하고 먼저 상업화하고 세계시장에서의 점유율을 확보하는 것이 그린 레이싱의 핵심 중의 핵심이다.

❖ 장기 저탄소 발전전략(Long-term low greenhouse gas Emission Development Strategies, LEDS) 핵심 기술

장기 저탄소 발전전략(이하 LEDS)은 2050 탄소중립을 실현하기 위해 무엇을 어떻게 바꿔 나갈지에 대해 정부가 세운 장기 계획이다. 파리협정에 따라 당사국들은 화석연료에 대한 의존도를 어떻게 낮춰갈지 장기 계획을 세우고 UN에 제출해야 하는데, 이 계획이 LEDS이다. LEDS를 수립하기 위해 정부는 학계, 산업계, 시민사회 등 다양한 분야의 전문가 69명으로 구성된 2050 저탄소사회 비전 포럼(이하 전문가포럼)을 운영하고 있다. 전문가포럼은 2050 탄소중립 시나리오를 바탕으로 목표 달성을 위해 도입되어야 하는 감축기술을 제안했다. 탄소중립 시나리오 1안은 모든 감축 수단을 고려한 최대의 배출 목표이지만, 2050년 탄소중립을 달성하기 위해서는 1안 대비 178.9백만 톤의 추가 감축이 필요하다. 따라서 추가 감축량 달성을 위한 감축 수단을 신규 기술 위주로 발굴했다. 전문가포럼에서 제안한 추가되어야 할 감축기술은 오른 쪽 표와 같으며, 정책 지원, 기술 확보, 기술 안정성, 감축 비용 부담에 관한 대전환이 필요하다.

[LEDS 최대안 대비 추가되어야 할 감축기술]

감축방안	권고 최대안	탄소중립안(예상)
전환	재생에너지 발전 비중 60% 석탄 발전 비중 4.4% CCUS 38.8백만톤포집	재생에너지 발전 비중 80% 이상 석탄 발전 비중 0% 동북아 슈퍼그리드
산업	수소환원제철 45% 적용 클링커 재활용률 50% 스마트공장 100% 에너지원 단위 연 2% 개선 CCUS 5~6% 적용	수소환원제철 100% 클링커 재활용율률 80% 이상 혁신 소재(생물원료 등) 상용화 CCUS 추가 확대 DAC 도입 일정 규모 이상 업체 zero 할당
건물	에너지 절감률 24%(BAU 대비) 고효율 기기 보급 6%(BAU 대비) HEMS(66%), AMI(100%) 보급	그린수소 연료전지로 도시가스 대체 인공지능 건물 도입 건축물 LCA 기반 최적 설계 일정 규모 이상 건물 대상 배출 zero 의무화
수송	친환경차 93% 자율주행, 인공지능 확산 해운/철도/항공 선진화	친환경차 가속화 아음속 캡슐열차 완전 자율주행차
정부/공통		부문별 넷제로 미달 성분 CCUS, DAC 추가 도입 필요

* CCUS: Carbon Capture, Utilization, and Storage; HEMS: Home Energy Management Systems; AMI: Advanced Metering Infrastructure; DAC: Direct Air Capture; LCA: Life-Cycle Assessment

그린 레이싱은 단순한 학술적으로 과학기술적 업적을 다투는 것이 아니다. 일정 규모의 시장화를 통하여 기술의 완성도를 먼저 입증해야 한다. 양산체제를 구축함으로써 비용효과성도 담보해야 한다. 그리고 특히 무조건 해외 수출을 통하여 글로벌 시장에서 일정 수준의 점유율을 달성해야 한다. 이를 통하여 핵심 특허와 국제표준의 지배력도 확보해야 한다. 그리고 통상 규모가 큰 에너지기술은 그 특성상 한 국가가 모든 것을 장악하기 어렵다. 따라서 국가 간 혹은 기업 간의 연대와 전략적 협업을 통하여 강력한 전략적 공급망을 구축해야 한다. 이러한 일련의 과정은 이미 진행 중에 있다. 주요 기술별로 상황을 살펴보자.

예를 들어 태양광은 중국을 능가하기 어려운 측면이 있다. 그러나 우리는 중국 다음의 시장점유율을 가진 나라이다. 따라서 중국과 차별화되는 기술력으로 특정 시장의 리더십을 확보·유지하는 것이 바람직하다. 해상풍력의 경우 터빈 등에서는 기술우위 확보가 어렵지만 다른 부품의 경우 글로벌 경쟁력이 담보되는 특성이 있다. 따라서 유럽과 전략적 협력으로 아시아 시장의 제조기지화의 주도권을 추구하는 것도 바람직하며, 이를 위한 일정 규모의 시장을 공유하는 전략이 타당하다. LNG 선박에 비하여 저부가가치이지만 일자리 창출 효과는 상당히 클 것으로 예상된다. 재생에너지의 보급뿐 아니라 산업화 역시 중요한 덕목으로서 문재인 정부 시절에도 공공 부문은 산업화를 위하여 최선을 다하였다.

원자력의 경우 윤석열 정부의 사랑을 듬뿍 받고 있는 것이 사실이다. 원전 수출을 위하여 최선을 다하고 있으며 잘 되기를 바란다. 원자력도 기술적인 측면에서 다양한 흐름들이 존재한다. 원전뿐 아니라 핵융합, 파이로프로세싱, SMR 등의 다양한 기술들이 내부적으로 경합 중이다. 그 중 특히 오래된 난제인 사용후핵연료의 처분장 확보는 원자력 생태계의 발전에 핵심적 관건이다. 원자력의 안전과 관련해서는 더 말할 나위 없이 중대한 이슈이다. 그런 면에서 원전 수출을 떠나서 당장 원자력발전소의 계속 운전 문제 역시 안전상의 복잡한 과정이 남아있다. 이와 같이 원전은 그 자체로 복잡하다. 지원뿐 아니라 규제, 감시가 불가피하다. 여기에 태생적 조건인 미국과의 협업도 중대한 이슈이다. 이러한 측면에서 본다면 원자력에서의 정부의 역할은 과학자들보다 더 크다고 할 것이다. 원자력의 혁신 방식은 다른 기술과는 너무나 다르다.

수소에너지의 경우 아직 전 세계적으로 선도국가나 기업이 없으므로 가능한 한 빠르게 전 주기적인 가치사슬을 국내에 실현하여 기술과 시장의 리더십을 선점하는 전략이 타당하다. 수소차나 수소드론 등 모빌리티 분야나 국방 분야에는 상당한 수요가 예상되며, 전력 시스템의 경우에도 분산화의 흐름에 적합한 연료전지의 시장 창출이 가능하다. 이러한 수요 창출을 위한 대규모 전략적 보조금은 수소의 글로벌 리더십 확보를 위한 마중물로서 타당하다. 물론 현재는 한전의 대규모 적자 탓에 정부는 이러한 가속보조의 물량전략에 소극적이지만 수소에너지가 갖는 고밀도의 의미를 생각하면 해볼 만한 도전임에 분명하다.

최근 논쟁이 되는 CCUS 기술의 경우도 복잡하다. 이산화탄소를 포집하여 땅속에 묻는 기술은 그 실현 가능성에 대한 논쟁으로 항상 시끄럽다. 그러나 원자력을 이용 후 땅속에 처분해야 하는 것과 같이 가스에서 수소를 추출하고 이산화탄소 덩어리를 처분하는 것이나 그 필요성에서는 동일하다. 즉 원자력이나 블루수소나 핵심적 난관은 처분장을 수해야 한다는 측면에서 동일한 것이므로 원자력을 이용한다면 블루수소도 이용할 수 있어야 한다. 화석연료를 에너지로 활용하기 위한 불가결한 선택은 블루수소이다. 수소에너지는 그린 레이싱의 가장 대표적인 사례이고 우리나라의 에너지믹스 측면에서도 불가피한 선택인 것이다.

이외에도 너무 다양한 기술들이 존재하고 현재 연구개발 중이다. 대부분의 기술들은 전력망과 같은 그리드에 탑재된다. 이러한 여러 가지 기술들을 시스템적으로 융합시키는 노력도 강화되고 있다. 전력망, 통신망, 가스망 등의 다양한 인프라와 그리드에 누가 더 효율적으로 연동시킬 것인가가 혁신의 핵심적 가치가 되어 있다. 이에 따라 최근 IT 기반의 스마트그리드를 넘어서 섹터 커플링과 같은 더 큰 융합형 기술이 적극 논의되고 있다. 즉, 에너지원 간 칸막이 방식의 해소를 위한 제도 개선도 불가피한 것이다. 이제 기술 혁신은 단위기술을 넘어 제품, 플랫폼, 제도 개선 등의 더욱 복잡한 접근이 요구되는 것이다. 따라서 공공의 역할과 리더십이 더 필요해진 상태이다. 그린 레이싱은 거대하고 복잡하다.

　따라서 문제는 앞에서 설정된 다양한 기술 중 어떤 기술을 전략적으로 돌파기술로 설정할 것인가다. 글로벌 공급망 개편 과정에서 우리나라의 역할을 설정할지 선택해야 하는 시점에 이르렀다. '선택과 집중'이라는 오래된 화두가 진정 필요한 시점이다. 그런데 기술이라는 것은 대학연구소나 국책연구소 실험실에서 육성되는 것과 시장에서 경쟁하며 생존하는 것은 너무나 다른 맥락이다. 문제는 그 기술이 시장에서 살아남아 돈도 벌고 일자리도 만들고 국가에 세금도 낼 수 있는 경쟁력 있는 위너가 되어야 하는 것이다. 예전에는 어느 기술에 집중할지를 정부가 주도했지만 이제는 기업에게 그 선택과 집중의 우선권을 존중해주는 것이 바람직하다. 민관이 공유하는 선택된 에너지기술에 대한 중장기의 로드맵을 확보해야 한다. 이것이 가장 중요하다.

그리고 바로 행동에 나서야 한다. 중장기 로드맵에 대한 민관의 공감대를 바탕으로 우리나라가 먼저 성취해야 한다. 이를 위해서는 우리나라를 통째로 혁신의 테스트베드로 만들어야 한다. 그리고 강력한 보조금을 통하여 초기 시장을 제공해야 한다. 우리도 유럽처럼 한국판 IRA법이 필요하다. 사실 우리나라는 IRA법에 규정된 상당한 정책수단을 이미 운영 중에 있다. 그러나 부처 간 또는 부처 내에서의 협업과 합동성은 미흡하다. 게다가 지금 전통기술의 보급에 불과한 기존 발전소를 어디에 누가 지어야 할지 결정하는 전력수급기본계획을 더욱 우선하는 우를 범하고 있다. 발전소가 아니라 돌파기술에 대한 청사진이 더욱 중요하다.

개별 국가의 국익과 인류 공영의 공동 대응이라는 조화는 유일하게 기술 혁신에 있다. 이것이 그린 레이싱이다. 그린 레이싱은 지구의 기후변화 속도와도 경쟁 중인 것이다. 누가 더 빨리 혁신할까? 우리 인간을 만들고 우리에게 불을 준 프로메테우스가 이를 흥미롭게 지켜보고 있다. 그린 레이싱의 요체는 이러한 주요한 돌파기술들을 누가 먼저 선점할 것인가의 이슈인 것이다. 「성장의 한계」 보고서를 작성했던 로마클럽의 멤버들에게 다시 들려주고 싶다. 돌이키기에는 이미 늦었고 다소 의심스럽더라도 이제는 과학자와 기업에게 의존할 수밖에 없는 지경에 이르렀다고.

제3장 제조역량의 그린화와 에너지정책은 이미 함께 성장하였다.

다시 말하자면 에너지는 제조업과 독자적으로 성장하였고, 그러면서 제조업에 필요한 연료를 공급하는 역할을 성공적으로 수행하였다. 정부 조직의 측면에서도 상공부에서 시작하여 1977년 동력자원부로 독립하여 전력, 석유, 가스 등 에너지 시스템을 육성하였다. 지금은 산업통상자원부로 통합되어 있으나 여전히 '1차관 하에 산업실'과 '2차관 하에 자원실'의 형태로 분리되어 움직이는 것이 현실이다. 그러나 이 두 형제는 일방적인 관계성이 아니라 상호영향을 미치며 성장하기도 하였다. 그리고 그 상호성이 이제 본격적으로 시작해야 하는 그린 레이싱의 기초가 될 것이다.

다시 강조하자면 이러한 그린 레이싱이 마치 갑자기 튀어나온 시대의 새로운 조류처럼 인식하는 것은 오류이다. 지난 정부의 에너지전환 정책이라는 것이 우리나라가 통상 추진해온 연료 전환의 한 가지에 불과한 것과 마찬가지이다. 다시 강조하지만 하늘 아래 새로운 것은 없다. 우리나라에서 그린 레이싱의 성공의 전형적이고 대표적인 사례는 아주 오래전 동력자원부가 추진한 바 있는 '신조명사업'을 들 수 있다.

90년대 초반 정부는 에너지절약을 위한 활발한 활동을 펼치고 있었고, 당시 가장 핫한 아이템은 형광등의 안정기를 기계식에서 전자식으로 교체하여 에너지를 절약하고자 하는 것이었다. 그러나 당시 동력자원부는 형광등 시스템(램프, 안정기, 등기구)을 40W에서 32W로 획기적으로 바꾸는 방향으로 선회한다. 이러한 시장 전환이 성공할 경우 전체 전기 소비가 약 4% 정도 줄어들 것이라는 기대가 있었다. 정부는 이를 위하여 대규모 연구개발사업, 한전의 보조금제도, 최저효율기준제도, 소비자단체와의 협조 등 정부의 가용한 모든 수단을 유기적으로 조직화하여 활용한 '조명부문 효율향상 종합대책(신조명사업)'이라는 대책을 만들었다. 그리고 이를 토대로 조명산업계와 대화하였고 파트너십 기반으로 시장 전환의 프로그램을 시작하여 성공하였다. 그 결과가 현재 우리가 일상에서 볼 수 있는 형광등이다. 예전 형광등은 지금 것보다 훨씬 뚱뚱한 단색의 조명기구였다. 에너지정책의 수단을 활용하여 시장과 산업계를 혁신한 대표적인 모범사례이다. 이것이 그린 레이싱의 씨앗이다.

이와 같이 강력한 효율 규제 정책과 과감한 시장 전환을 통하여 조명 부문의 급격한 고효율화뿐 아니라 백색가전의 글로벌 경쟁력 강화 등을 이룩한 바 있다. 당시 이러한 시도는 해당 업계의 강력한 반발이 있었다. 일부 가전품목의 경우 상공부의 정책적 반대도 상당하였다. 그럼에도 90년대 초반의 이 두 가지 사업은 우리나라의 효율화사업의 골격을 한 단계 격상시켰고, 지금 돌이켜보면 그린 레이싱의 모범 케

이스였던 것이다. 이제 전 부문에 대하여 이렇게 강력한 에너지정책의 개입으로 산업의 그린화를 포괄적으로 추진할 필요가 있다. 물론 건물 부문과 수송 부문을 통한 그린화 역시 우리의 제조역량 그린화를 촉진할 것이다. 이제는 안 할 수 없는 선택지이다.

그린 레이싱은 에너지 관련 인프라에 기반하는 새로운 사업 영역으로 확장되기도 한다. 그 대표적인 사례가 바로 오래전에 추진된 바 있는 스마트그리드 사업이다. 노무현 정부 시절 산업부가 추진하였던 전력IT정책이 대표적이다. 초기 에너지, 특히 전력 시스템의 고도화사업이었으나 이명박 정부 때에 제주도에 '탄소 없는 섬'(CFI) 사업으로 전환되면서 에너지와 비에너지의 새로운 그린화된 사업 영역이 탄생하기 시작한 것이다. 전력IT에서 시작되어 CFI로 이어지는 융합형 사업은 아직도 그 원형을 유지하며 그린 레이싱의 모태로 작동하고 있다.

이러한 사업들의 특징은 모두 국내 대표적인 제조업체들의 엄청난 기대와 참여라는 것이다. 에너지정책의 일환으로 시작되었지만 거대한 신산업의 출현을 기대하게 된 것이다. 다양한 전력 시스템 고도화 사업 이외에 DR, EV, ESS, V2G 등 당시로서는 생경한 여러 사업들이 시도된 바 있다. 결국 전통 제조업은 전통 에너지기술과 에너지 인프라를 활용한 그린화를 통하여 활로를 찾고자 했던 것이다. 통신업계는 '탈통신'을 외치며, 특히 스마트그리드라는 이름으로 에너지 분야로의 진출을 꾀한 것은 유명하다. 그린 레이싱은 전 산업의 그린화를 통한 새로운 시장 개척과 부가가치 확장을 노리고 있는 것이다.

이러한 통신업계의 새로운 영역으로의 진출 시도는 당시 한전과의 상당한 마찰을 야기하였다. 당시 진행 중이던 신자유주의 기조의 정부의 경쟁 도입과 민영화 정책 기조에 소극적으로 저항하던 한전의 경우 통신사업자가 실질적인 위협 요소로 인식하였기 때문에 이를 수용할 수 없었다. 결국 이러한 융합의 시도는 소망스러운 성과 도출에는 실패하였다. 이러한 지지부진함을 한전의 과도한 기득권과 독점 지향성 탓이라고 지적하는 전문가들이 많이 있었다. 그러나 통신사업자들의 의욕과 달리 그들의 준비 부족과 융합기술의 부족도 한몫을 차지하였다. 그러나 근본적으로는 우리나라 특유의 낮은 전기요금으로 인하여 그 창의적이던 비즈니스 모델들은 힘을 발휘할 수 없었다는 것이 진실에 가깝다. 낮은 요금은 낮은 수준의 기술만을 수용할 수 있기 때문이다.

그린 레이싱의 상당수가 전력을 포함하는 에너지 분야의 인프라에 근거하므로 앞으로도 이러한 전통적인 에너지 분야, 특히 전력 분야와의 협업과 갈등은 불가피할 것이다. 그러한 측면에서 에너지 인프라와 운영체계의 개방적 운용은 불가피하다. 에너지가 변해야 산업도 변할 수 있는 것이다. 이 말은 에너지 혹은 전력 부문의 임무를 수정해주어야 한다는 것을 의미한다. 특히 전력은 경제 주체들이 전기에너지를 싸고 안정적으로 공급하는 전통적인 임무에서 벗어나, 기존 제조업이 그린화하여 고부가가치화, 기후규제 대응, 글로벌 리더십 확보 등을 할 수 있도록 도와주어야 한다. 한 마디로 임무가 더 확장되는 것이다.

전력은 그린 레이싱을 주도하는 확장된 임무하에서 하드웨어 인프라도 보다 개방적이고 강건하게 진화시키고, 운영체계도 보다 투명하고 유연하게 수정해야 한다. 그리고 특히 전기 소비자들은 이러한 새로운 임무를 전력 부문이 수행할 수 있도록 전기요금의 유연성, 즉 요금 인상을 기꺼이 수용해야 한다. 전력 부문의 하드웨어, 소프트웨어, 그리고 요금체계의 혁신이 바로 우리 제조업의 그린화를 담보하는 가장 중요한 관건이다. 이것을 수용하지 않는다면 우리 제조업의 그린화는 점차 경쟁력을 상실할 것이다. 그리고 우리의 부도 줄어들 것이고 우리 후대들은 일자리를 잃을 것이다. 이는 너무나 자명한 것이다. 이제 전력 자체도 변화해야 한다. 그래야 우리 제조업이 살아서 계속 진화할 수 있다.

제4장 그린 레이싱의 에너지정책은 바로 신산업정책이다.

　수출로 먹고사는 우리가 국제적인 규약인 파리협정을 무시할 순 없다. 그리고 글로벌 공급망 재편 과정에서 우리나라 공장을 보존하기 위한 산업정책 역시 불가피한데, 이는 에너지정책의 일환으로 이루어져야만 그나마 WTO 등으로부터 자유로울 수 있다. 우리나라 제조업의 그린화는 불가피하고 이를 위한 정부의 인위적인 개입도 불가피하다. 정부의 개입은 아주 실무적으로, 그리고 정무적으로는 바로 에너지정책수단을 산업정책에 개입시킨다는 것을 의미한다.

　특히 중요한 것은 글로벌에서 전투 중인 우리 기업들이 그린 레이싱에 대한 정부의 리더십을 원한다는 것이다. 그린 레이싱은 정부가 선도적으로 이끌어야만 그나마 우리 기업들이 투자할 수 있다. 오죽하면 빌 게이츠가 기후대응을 위해서는 기술, 시장뿐 아니라 정책이 필요하다고 했을까. 그런데 우리 정부의 적극적인 시장 개입과 지원이 실질적으로 퇴보하고 있고 이로 인하여 민간의 투자 역시 위축될 우려가 증가하는 안타까운 상황이다. 이제 진짜 민관이 모여서 진주성 전투 같은 것을 해야 하는 상황임을 감안하면.

　이러한 정부 주도의 대규모 사업의 성과는 단순하게 판단하기는 어렵다. 모두 성공과 실패에 무관하게 나름의 성장과 진화의 씨앗을 가지고 있었기 때문이다. 다만 문제는 시간이 흘러갈수록 공수표로 전락하는 사업이 많아지고 있다는 사실이다. 이것은 서류상 해당 부처의 잘못임에 분명하지만 한편 선출직들의 정무적 개입이 더 큰 문제이다. 정부와 지자체의 인허가와 보조, 그리고 주민의 협조가 필요한 대규모 사업은 그만큼 정책의 안정성이 중요하다는 점을 새삼 알게 되는 것이다.

우리는 앞에서 설명한 바와 같이 에너지 관련 정부 주도의 대규모 사업 추진 경험이 많다. 그러나 그 성과가 항상 좋은 것은 아니었다. 이명박 정부 시절 서남해에서 추진된 '해상풍력단지사업'은 결국 우리나라 해상풍력을 추진한 대기업의 무덤이 되기도 하였다. 현재 울산 앞바다의 '부유식 해상풍력사업' 역시 위태위태하게 진행 중이다. 거기에 국가적인 차원으로 추진한 수소사업 역시 불안하다. 이러한 일련의 과정을 보며 얻어야 하는 교훈은 정책의 일관성과 비용 부담을 감내하고자 하는 정치적 결단이다. 과거 물류 수요도 없었고 예산도 부족했던 시절 뚝심으로 추진했던 경부고속도로 건설을 생각해 보면 다시 한번 존경심이 우러난다. 이것이 정부의 진정한 역할이다.

이러한 상황을 감안하면 에너지계에 주어진 새로운 임무는 산업계를 뒤에서 지원(support)하는 것이 아니라 앞에서 끌고 가야 한다는 것이다. 정부가 아니라 에너지계 스스로 그 임무의식으로 무장해야 한다. 과거 안정적 에너지 수급에 스스로 매진했던 것처럼.

예를 들어 현재 한전의 적자 문제를 생각해보자. 2022년 적자가 30조 원인데 무슨 제조업을 도우라는 것인가? 여기에서부터 우리는 문제를 풀어나가야 한다. 직원들의 법인카드 사용을 금지하는 등의 뼈를 깎는 노력으로 적자를 29조 원으로 줄인다. 아니면 돈이 더 들고 적자가 조금 늘어나지만 혁신 수요를 만드는 데 1조 원을 사용하여 수소, 해상풍력, 전기차 등 관련 산업의 민간 투자가 확대토록 유도하는 것을 선택하는 것이 옳은가? 판단해야 한다. 이 두 가지 시나리오 중 어느 것이 국익에 부합되는 것일까? 당연히 미래를 위한 투자를 유도하는 것이 옳다. 그린 레이싱도 때를 놓치면 '말짱 꽝'이다.

그러면 과연 에너지가 지지하고 선도하는 그린산업은 글로벌 헤게모니를 장악할 수 있을까? 가능하다. 한국을 거대한 글로벌 테스트베드로 활용하면 부족한 기술과 자본의 한계를 극복할 수 있다. 다만 우선 우리 기업의 선택과 집중을 정부가 존중하면서 이를 뒷받침하는 제도 개선을 추진해야 한다. 그러나 무엇보다 중요한 것은 혁신의 속도이다! 빠른 에너지 전환, 빠른 산업의 그린화가 중요하다. 빠르면 글로벌 리더십 확보가 가능하고 전환의 속도를 높이면 그만큼 승산이 높아진다. 이는 기술별로 가속적인 보조금 지원을 통하여 혁신 수요를 보장해주는 것이다. 즉, 기술 혁신적인 시도가 빠르게 추진되어야 한다는 것이다. 말 그대로 레이싱이다. 빠르게 투자하고 빠르게 혁신하면 글로벌 시장의 강자가 된다. 이미 너무나 많은 전 세계 기업들이 이를 위해 투쟁하고 있다. 그런데 현재 우리나라의 투자 여건과 규제 여건은 그냥 움직이기에도 너무나 엉망이다.

이제 정부는 에너지정책과 산업정책, 기후정책을 일체화해야 한다. 그리고 정부는 기업의 투자 의욕을 최대화할 수 있도록 정책을 수립해야 한다. 과거 60여 년 동안의 의사결정방식은 새로 만들어야 한다. 특히 이들 정책의 일관성을 지켜주는 것이 가장 중요하다. 지금처럼 정권이 바뀔 때마다 제도와 방향을 변경하면 우리 기업은 공장을 해외로 이전해야 한다. 불가피하게. 일체화된 정책에 대해 어떻게 국민과 소비자들로부터 지지를 얻을 것인지도 진지하게 고민해 봐야 한다. 일전에 사용후핵연료 공론화 시 가장 먼저 시도한 것은 '사용후핵연료'라는 이슈가 있다는 것을 국민에게 인지시키는 것이었다. 국민이 이해하는 만큼 우리는 일을 해 나갈 수 있다.

지금 당장 필요한 것은 기업의 투자를 허용할 수 있는 규제제도의 고도화이다. 현재 정부의 투자를 위한 재원은 대부분 에너지요금에서 충당한다. 즉, 에너지 소비자가 내는 돈이 목돈인 것이다. 에너지 소비자가 낸 돈으로 건설도 하고 운영도 하고 미래를 위한 공적 자금도 제공하고 있다. 그런데 이 과정은 매우 복잡한 '전력시장'이라는 거래 시스템 하에서 작동되고 있다. 정부의 정책 의지는 이러한 시장 메커니즘을 통하여 사다리 타기 게임과 같은 방식으로 기계적으로 작동된다.

따라서 소비자의 지불 의사와 별도로 투자와 거래를 담당하는 시장 규칙을 섬세하고 정교하게 설계해야만 혁신적인 분야에 대한 투자가 유도된다. 이러한 규칙들의 총합이 규제의 패키지라고 할 수 있다. 이러한 규제 패키지를 고도화하는 것이 핵심이다. 선한 의지만으로 시장에 개입하면 결국 과거 정부의 부동산정책과 같은 결과를 초래할 뿐이다. 시장 자유화나 경쟁이라는 것만으로도 곤란하다. 규제의 고도화는 말 그대로 고도의 전문성과 세심한 용기가 필요한 덕목이다.

혁신적인 투자를 저해하는 가장 심각한 어려움은 입지 문제이다. 당장 시급한 사용후핵연료 처분장뿐 아니라 해상풍력이나 수소 스테이션 등 새로운 입지가 필수적이나 이 역시 현장에서는 주민 수용성이라는 거대한 난관이 기다리고 있다. 따라서 기존 입지의 활용은 불가피하고 절실하다. 우선 투자를 위한 규제 룰의 투명성을 높이고 원스톱 인허가와 계획입지제도와 같은 제도 개선이 시급하다. 전기요금의 현실화는 필수적이다. 그리고 투자를 유도하기 위한 국내의 혁신적인 수요 창출에는 과감한 기술규제도 필요하다. 입지 확보는 신산업정책의 요체이다. 과거 우리나라의 공업 입국을 주도했던 그 경제개발 5개년계획은 본질적으로 입지 계획이었다고 할 수 있다. 다시 시작해야 한다. 그리고 이것이 우리가 필요로 하는 신산업정책이다.

제4부

그린 레이싱을 막는 세 가지의 적이 있다.

그린 레이싱은 기후변화 대응의 대의 하에 국익을 두고 각국이 자국 산업의 승리를 위해 싸우는 것이다. 우리나라는 그린레이싱그린 레이싱에 관한 한 비교적 일찍 시작했지만 뒤처지는 분위기이다. 구호뿐이었던 문재인 정부나 방향이 모호한 윤석열 정부나 보기에 불안하다. 다시 강조하지만 우리나라의 미래는 현재의 제조업 강국의 지위를 유지할 수 있는가에 달려있다. 반도체와 원자력만으로는 턱없이 부족하다. 우리나라는 더 많은 기술의 기회를 갖고 있다. 부의 규모나 일자리의 규모로나 산업 전반의 그린화가 더 넓고 더 중대하다. 그리고 제조 강국 지위 공고화의 핵심이다.

그런데 이 레이싱을 방해하고 위협하는 요소는 많다. 그 중에서도 세 가지의 가장 심각한 적이 존재한다. 지금 이 세 가지 적에 대하여 우리 소비자와 국민들이 정확히 알아야 한다. 이 적들은 우리의 경쟁국에는 심각한 수준으로는 존재하지 않지만 우리 에너지기업과 제조기업들에겐 너무나 버거운 내부의 적이다. 그리고 우리 내부에 편협한 세계관과 지나친 이기심으로 그린 레이싱의 전열을 망가뜨리는 세력들이다. 이들이 우리의 공적이다.

그 공적들은 점점 더 힘이 커지면서, 우리는 그린 레이싱에서 질 가능성이 점차 커지고 있다. 이 세 가지의 적이 우리 후손들의 미래를 망칠 것이다. 선출직들에게 맡겨놓을 수 없다. 이 중대한 적을 물리칠 존재는 오직 소비자와 국민, 그리고 전문화된 관료들의 새로운 각오이다. 기꺼이 그린 레이싱을 위한 비용을 조달하기 위하여 에너지요금의 인상을 지지해주는 소비자들, 그리고 전통적인 대한민국의 에너지 다변화 정책을 계속 지지해주는 유권자인 국민, 그리고 향후 제조기업들의 그린 레이싱을 다른 나라보다 더 섬세하게 더 공적으로 지원해야 하는 공직자들의 동참만이 그 그린 레이싱에서 승리할 수 있다.

그리고 한편 우리 제조 강국의 지위를 공고히 하려는 그린 레이싱을 지지할 그룹들도 있다. 이들의 지원도 기대해본다.

제1장 싼 에너지를 고집하는 포퓰리즘들은 적이다!

우리는 현재도 세계 최고밀도 에너지를 운용하기 위하여 막대한 비용을 지불하고 있다. 우리나라 수입의 1/3 내지 1/4이 에너지에 해당된다. 게다가 향후 기후대응과 그린 레이싱을 위한 투자 역시 추가로 필요하다. 그럼 이 자금을 우리는 어떤 방식으로 조달할 것인가? 현재 비용 조달 방식은 석유와 전기 소비자들이 지불하고 있는 에너지요금을 활용하는 것이다.

❖ 한국의 에너지비용 종류 및 구조

한국의 전기요금체계는 주택용, 교육용, 산업용, 농사용, 가로등, 일반용 등으로 구분되어 있다. 또한 용도, 사용량, 계절 등에 따라 누진제 및 차등 요금제를 시행하고 있어 세분류에 따라 차이가 있다. 하지만 기본 구조는 기본요금, 전력량요금, 기후환경요금, 연료비조정요금, 부가가치세, 그리고 전력산업기반기금 등으로 구성되어 있다. 예를 들어, 일반 가정에서 주택용(저압) 전기를 2023년 1월 한 달 동안 300kWh를 사용했다고 가정한다면, 청구요금은 아래 그림과 같은 구성으로 55,546원이다.

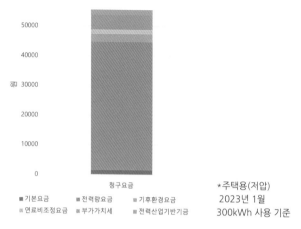

*주택용(저압)
2023년 1월
300kWh 사용 기준

■ 기본요금　　■ 전력량요금　　■ 기후환경요금
■ 연료비조정요금　■ 부가가치세　　■ 전력산업기반기금

〈전력 사용 청구요금 가격구조〉

다음으로, 주요 석유제품의 가격구조를 살펴보면, 휘발유와 경유의 경우 정유사 가격과 교통에너지환경세, 교육세, 주행세, 판매부과금, 그리고 부과세 등으로 구성된다. 등유의 경우 정유사 가격과 개별소비세, 교육세, 그리고 부과세 등으로 구성된다.

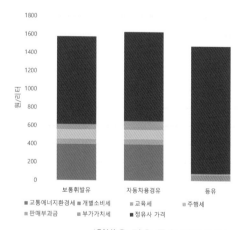

*2023년 2월 둘째 주
전국 평균 기준

■ 교통에너지환경세　■ 개별소비세　　■ 교육세　　■ 주행세
■ 판매부과금　　　■ 부가가치세　　■ 정유사 가격

〈휘발유·경유·등유 가격구조〉

[한전 사이버지점, 용도별 전기요금체계]

[한전 사이버지점, 요금계산 비교, 2023.02.16. 검색]

[한국석유공사 오피넷, 2023년 2월 2주 국내 유가동향, 2023.02.]

출처:https://cyber.kepco.co.kr/ckepco/front/jsp/CY/H/C/CYHCHP00201.jsp

https://www.opinet.co.kr/user/oftvat/getOftvatSelect.do

그렇다면 우리 소비자들은 이 비용 지불과 관련하여 억울하지는 않을까? 혹시 누군가의 비효율로 불필요한 비용을 더 내고 있지는 않을까? 아니면 누군가의 탐욕이나 아집으로 무의미한 비용을 내고 있지는 않을까? 궁금할 것이다. 일단 큰 틀에서 에너지 분야에서 오래 종사해온 필자는 자신 있게 이야기할 수 있다. 우리나라의 에너지 서비스는 양적으로나 질적으로 훌륭하다. 아직까지는.

우리나라는 오래된 이야기지만 이명박 정부 시기 전 세계적으로 '스마트그리드'라는 이름으로 전력 시스템 혁신이 추진되었다. 당시 이를 주도하던 미국 스마트그리드협회 고위관계자가 한전을 방문하여 '다소 거만하게' 발표를 한 바 있다. 당시 한전 실무자가 대한민국의 정전시간과 송배전 손실률을 알려주자 그 관계자는 바로 겸손한 자세로 전환하며 존경심을 표한 바 있다. 그만큼 우리의 전력 시스템은 높은 수준이었고 게다가 요금도 무척 낮은 수준이다. 지금도. 이명박 정부 시절 석윳값이 문제가 된 적이 있다. 오를 땐 로켓처럼 내릴 땐 깃털처럼. 석유 사업자들에 대한 의혹과 불만이 가득하여 대통령이 직접 '묘하다'라고 나서기까지 했다. 이에 '석유시장감시단'이라는 민간 주도의 가격 감시 기능을 시작한 바 있다. 아마도 특정 제품을 이토록 철저하게 지속적으로 감시하는 경우는 없을 것 같다. 결론적으로 이러저러한 말들은 있지만 큰 틀에서 우리나라의 에너지 가격 혹은 요금은 큰 문제는 없다. 다만 아직까지는.

❖ 국가별 에너지비용

국제 원유가격은 국제 정세를 반영하여 변화한다. 1973년과 1979년 두 번
의 오일 쇼크(Oil shock)가 있었으며, 전쟁과 금융위기 등 크고 작은 글로벌
이슈에 따라 원유가격은 상승과 하락을 반복한다.

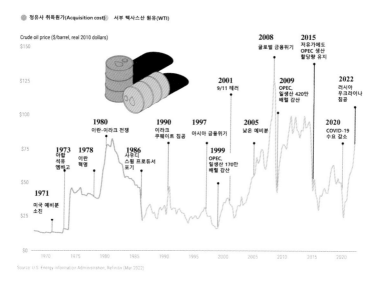

〈글로벌 이슈에 따른 원유가격 변동〉

한국은 안정적인 원유 공급을 위해 산유국 정부, 국영석유회사 등과 1년 이
상의 장기계약을 통해 원유를 국내에 수입하고 있다. 이를 제외한 필요분
의 경우 특정 시점에 특정 물량의 원유를 구입하는 현물계약을 이용하고 있
다. 따라서 다른 국가들과 유사한 수준으로 국내에 안정적으로 원유를 공급

하고 있으며, 무연 고급휘발유 기준으로 국내에서 공급되는 가격 또한 다른 국가들과 유사한 수준으로 안정적으로 공급되고 있다.

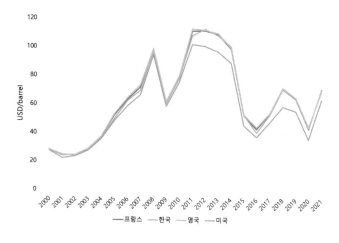

〈주요국 원유 수입가격〉

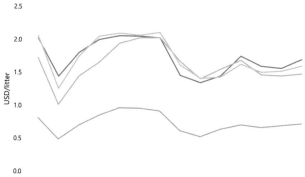

〈국가별 무연 고급휘발유 가격〉

[Visual capitalist, Visualizing Historical Oil Prices (1968-2022), 2022.05.]

[한국석유공사, 국내 원유 수입 형태]

[OECD, Crude oil import prices, 2023.02.12. 검색]

[통계청, 에너지 가격(OECD), 2023.02.11. 검색]

출처: https://advisor.visualcapitalist.com/historical-oil-prices/

https://www.knoc.co.kr/sub05/sub05_9_1.jsp?page=2&field=&text=&-mode=list&bid=CUSTFAQ&ses=USERSESSION&psize=12

https://data.oecd.org/energy/crude-oil-import-prices.htm

https://kosis.kr/statHtml/statHtml.do?orgId=101&tblId=DT_2KAA607_OEC-D&conn_path=I3

그러면 이러한 에너지가격 혹은 전기요금을 누가 정하고 있는가? 그 방식은 크게 정부 주도 혹은 시장 주도이다. 이와 관련하여 우리는 석유와 전기의 두 가지 경험이 있다. 1997년 정부는 석유사업에 대한 자유화 조치를 시행한다. 가격 자유화, 진입 자유화, 그리고 수출입 자유화를 동시에 처리한다. 이 조치를 통하여 공공이었던 석유 분야는 현재와 같은 민간(SK, GS, S-oil, 현대) 시장으로 변화하였다. 그 결과 우리는 시시각각 변하는 휘발유 가격을 일상에서 경험하고 있다. 아직도 과점의 의혹이 있지만 휘발유는 시장에서 경쟁하며 정해지고 있고 우리는 주유소를 선택한다. 반면 전력산업도 자유화조치를 시행하고자 하였으나 결국 부분적인 민간의 진입 자유화에는 성공했지만 가격 자유화, 판매 개방 등의 영역은 성공하지 못하였다. 그 성패는 정부가 소비자와 사업자에 대한 정책의 설득 여부라고 할 수 있다. 석유는 해냈지만 전력은 실패했다.

김대중 대통령의 지시와 시장주의를 주장하는 전문가그룹이 주도한 전력산업 자유화 시도는 다른 결과를 보였다. 가격 자유화에 대한 언급은 없이 구조 개편이 전기요금을 인하할 것이라는 성급한 정책적 메시지로 인하여 오히려 추진동력은 줄어들게 된다. 소비자에게 가격 자유화, 즉 시시각각 요금이 변동되고, 특히 서울, 부산, 광주의 요금이 달라져야 한다는 것을 설명할 타이밍을 놓친 것이다. 어설펐다. 아마 당시 공적이었던 한전만 분해해체하면 가격은 자동으로 자유화될 것이라는 편견이 있었던 것 같다. 한 마디로 이를 지지했던 전문가그룹의 시장과 소비자들에 대한 이해가 석유 자유화를 추구했던 관료들보다 부족했던 것으로 이해하는 것이 옳다. 석유산업 자유화 시 관료들은 자유화 조치 이전에 미리미리 가격이 변동되는 것을 주유소의 환율 기반 가격 표시로 소비자들을 준비시킨 바 있다. 그 결과 아직도 전기요금은 시장의 형태를 띠고 있지만 여전히 사실상 정부가 정하고 있다. 그 대표적인 사례가 바로 'SMP[14]상한제' 도입이다.

---

14) System Marginal Price의 약자로 '계통 한계 가격' 또는 '전력 도매 가격'으로 번역되어 사용되고 있다. 전력 판매자가 생산한 전력을 전력거래소, 한전에 판매하는 가격을 의미한다.

요금을 정하는 방식의 가장 중요한 세 축은 에너지 시스템의 관점과, 거시적인 물가 관리와 산업 지원의 관점 두 가지로 대변된다. 당연히 물가를 담당하는 정부 부처가 가장 영향도 크고 상징성도 큰 전기요금의 인상을 억제하려는 것은 정책적으로 유의미하다. 그리고 산업정책을 수행하는 부처 역시 요금 인상에 대하여 소극적일 수밖에 없다. 따라서 에너지 시스템의 안정성만을 고수하는 것은 큰 틀에서 이기적인 관점으로 평가할 수도 있을 것이다. 이러한 개별 정책들 간의 갈등과 소통을 통하여 균형을 찾아내는 것은 대한민국 정부의 정책 수립의 오래된 정당한 과정이라고 할 수 있다. 다만 예전에는 한전의 적자가 수조 원 정도에 이르면 요금 인상을 허용하며 관리해온 관행도 있을 것으로 이해된다. 그러다가 점차 정치권의 정무적 판단도 영향력이 강화되기 시작하였다. 즉 일방적인 요금 통제의 관행이 강화되는 것이다. 한편 이에 대하여 뉴욕증시에 상장된 한전 주주의 이익도 보장되어야 한다는 지난 정부의 한전 경영진의 요구도 점차 강화되기 시작하였다. 그 결과 연료비 연동제[15]라는 의미 있는 요금제도의 큰 진전이 있었다. 그 제도는 실질적으로 작동하지 못하였고, 그러다 우크라이나 사태가 터진 것이다. 요금의 유연화는 그만큼 어려운 것이다.

---

15) 산업통상자원부와 한전이 2020년 12월 17일 발표한 전기요금체계 개편안에 도입된 전기요금 산정체계이다. 전력 생산에 사용되는 석유 등의 가격이 하락하면 전기요금도 내려가고, 원재료 값이 상승하면 전기요금도 올라가는 방식이다.

그러면 이러한 정부의 요금 통제가 국민경제에 바람직할까? 아니 전력업계나 전력업을 영위하는 개개인에게 좋은 일일까? 세상사가 그러하듯 장단점이 있다. 정부와 시장의 관계야말로 '묘한' 시대에 들어서고 있다. 지금 상태도 바람직하지 않지만 신자유주의도 부적합하고 개발독재로의 회귀도 정답이 아니다. 일방이 주도할 수 있는 시대는 아니다. 새로운 섬세한 균형을 찾아내야 한다. 그린 레이싱은 넓은 고속도로를 주행하는 것이 아니라 좁고 위험천만한 산길을 고속으로 달리는 경주이다. 그 경주를 이끄는 내비게이션이 바로 가격 시그널이다. 요금, 즉 가격은 마술을 부린다. 특히 그린 레이싱은 전기요금이라는 바로미터를 보고 달리며 사람들은 투자를 한다. 그 마술 중 중요한 것이 바로 '외부성 효과'와 '그리드 패리티'에 관한 것이다. 자, 이제 한번 이 마술이 무엇인지 찬찬히 살펴보자.

한번은 외부성에 대하여 어떤 경제학자가 오히려 교과서에나 나오는 이론에 불과하다고 주장한 적도 있다. 그러나 우리 정부는 오랜 시기 이러한 시장에서 해결되지 못하는 비용, 즉 외부성의 이슈를 인지하고 있었고, 이 문제에 대응하기 위하여 공적자금을 조성하여 운영해 왔다. 그 역사는 상당히 길다. 가장 대표적인 외부성 기반의 비용 청구가 바로 유류세이다. 그리고 석유사업기금(지금의 에너지특별회계), 그리고 전력산업기반기금 등이 가장 전형적인 외부성 처리를 위한 장치이다. 그 규모의 적정성과 그 사용의 효율성에 대한 논쟁이 있고 그

개선방안에 대한 지속적인 노력이 이루어지고 있다. 우리 사회는 적절히 답을 찾아갈 것이다.

❖ 외부성(Externality) 이론

외부성이란 시장참여자의 경제적 행위가 제3자 혹은 사회에 의도치 않은 영향을 미침에도 그에 대한 보상은 이뤄지지 않는 경우를 의미한다. 긍정적 영향을 미치는 경우 양의 외부성 또는 외부경제, 부정적 영향을 미치는 경우 음의 외부성 또는 외부불경제라고도 한다. 예를 들어, 공장 가동으로 인해 매연이 발생할 때 공장 주변의 사람들은 피해를 보지만 이에 대한 보상이 없는 경우 부정적 외부성으로 볼 수 있다. 반면, 우리 집 담벼락에 심은 아름다운 화단이 골목길을 지나는 사람들에게 심미적인 즐거움을 주었으나 이에 대한 보상이 없는 경우 긍정적 외부성으로 볼 수 있다.

외부성이 있다는 것은 시장이 완벽하게 작동하지 않는다는 것을 의미한다. 따라서 정부가 개입하여 이에 대한 적절한 비용을 내부화하여 조세를 부과하는 방식 등으로 부정적 외부성을 없앨 수 있다. 마찬가지로 추가적인 편익에 대해 보조금 등의 방식으로 보상하여 긍정적 외부성을 내재화할 수 있다.

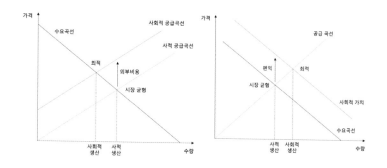

〈부정적 외부성(왼쪽)과 긍정적 외부성(오른쪽)〉

[경제정보센터, 외부성과 시장 실패]
출처: https://eiec.kdi.re.kr/material/conceptList.do?depth01=000020000100
00100008&idx=134

이제 요금의 마술과 관련한 더 본질적이고 핵심적인 이슈인 '그리드 패리티'에 대해 이야기하고자 한다. 그리드 패리티는 특정 기술의 비용과 소매요금 간의 격차를 의미한다. 중요하지만 비싼 '좋은 기술'(주로 태양광이나 풍력을 이야기하나 수소, 전기차 등 기후대응의 혁신기술 전반을 의미)은 기술 발전과 보급 확대에 따라 그 비용이 점차 줄어서 결국 전기요금보다 낮아지게 되는데, 그 지점을 그리드 패리티에 도달했다고 이야기한다. 다시 말하자면 낮은 요금은 혁신적인 기술 시장에서의 수용을 어렵게 하는 것이다.

❖ 그리드 패리티(Grid parity)

그리드 패리티는 태양광 또는 풍력과 같은 재생에너지를 통한 전기 생산비용이 석탄, 천연가스, 원자력과 같은 전통적인 에너지자원을 통한 전기 생산비용과 같거나 더 저렴해지는 것을 의미한다. 이는 재생에너지원이 정부의 보조금이나 인센티브 없이도 전통적인 에너지원과 경쟁할 수 있음을 의미한다.

에너지원별 전기 생산비용을 비교하기 위해 발전원의 균등화 발전원가 (Levelised cost of electricity, LCOE)를 활용한다. LCOE를 구성하는 요소는 초기투자비용, 유지운영비, 이자비용, 발전량, 발전기 수명, 이자비용, 그리고 할인율 등이다. 따라서 기술 개발로 인한 재생에너지의 LCOE 하락과 외부 비용(환경 비용 등)의 내재화, 연료가격 상승 등으로 전통적인 에너지원의 LCOE가 증가하면서 달성된다.

그리드 패리티는 재생에너지의 설치비용, 효율, 지원 정책 등에 영향을 받기 때문에 국가별로 관련 사업 여건과 전망을 분석하는 데 사용된다. 국제에너지기구의 2025년 한국과 미국의 에너지원별 LCOE 전망에 따르면 미국의 경우 유틸리티용 태양광 기준으로 LCOE 중앙값이 43.1달러로, 원자력과 석탄발전(각각 71.3달러, 88.1달러)보다 낮아져 그리드 패리티를 달성할 것으로 보인다. 하지만 한국의 경우 원자력과 석탄발전의 LCOE가 각각 53.3달러와 75.6달러, 그리고 유틸리티용 태양광이 96.6달러로 전망되어 그리드 패리티 달성 가능성은 낮은 것으로 평가된다.

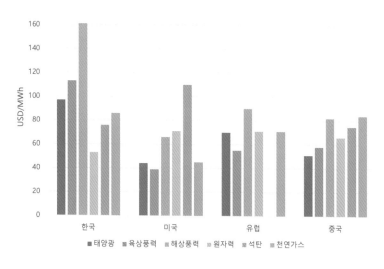

〈주요국 에너지원별 2025년 LCOE 전망〉

[한국경제경영연구원, (2016년 24호) KEMRI 전력경제 REVIEW, 주요
국 그리드 패리티(Grid Parity) 달성요인 분석 및 특징 비교, 2016.10.]
[한국에너지공단, 신재생에너지가 화석연료보다 저렴해지는 그리드 패리
티, 2021.11.]
[International Energy Agency, Projected Costs of Generating Elec-
tricity 2020, 2020.12.]
출처:https://home.kepco.co.kr/kepco/KR/ntcob/ntcobView.do?pageIn-
dex=12&boardSeq=21026367&boardCd=BRD_000271&menuC-
d=FN3120&parnScrpSeq=0&searchCondition=total&searchKeyword=
http://blog.energy.or.kr/?p=24859
https://www.iea.org/reports/projected-costs-of-generating-electricity-2020

그런데 우리나라의 요금은 구조적으로 다른 나라보다 저렴하다. 많은 전기를 생산하고 짧게 수송하고 대량으로 소비하는 특성 때문이다. 게다가 정치적으로 낮은 요금정책을 선호하는 측면을 감안하면 더욱 그러하다. 예전 동력자원부 시절 공무원이 이야기하길 우리나라는 다른 경쟁국보다는 항상 낮게 요금을 책정한다고 들은 바 있다. 이와 같이 현재의 요금구조 하에서는 신기술 수용의 측면에서 그리드 패리티 달성은 어려워지는 것이다. 낮은 소매요금은 소비자에게 싼 에너지를 공급하는 장점이 있지만, 요금보다 비싼 '좋은 기술, 혁신 기술'의 진입이 막는다.

즉, 그리드 패리티는 시장에서 기후대응이나 그린 레이싱에 소요되는 혁신적인 기술을 수용할 수 있는 기준점으로 작용한다. 요금이 낮으면 소비자 부담은 적지만 혁신이 발생하기 어렵고 산업의 진화를 억제하여 전통산업에 머무르게 할 것이다. 반면, 요금이 높으면 소비자 부담은 늘어나지만 그린 레이싱은 잘 되는 것이다. 최근 가장 모범적인 에너지 전환의 사례로 평가되는 덴마크에 대하여 덴마크에너지청의 의견을 전해 들을 수 있었다. "요금을 인상하니까 에너지 전환이 잘 이루어졌고, 요금을 더 올리니까 관련 에너지산업이 저절로 육성되었다." 참으로 (소매)요금은 마술 지팡이인 것이다.

지금 우리나라처럼 전기요금을 정부가 계속 통제하고, 그리고 낮은 요금의 현상 유지를 선호한다면, 당장은 정권이나 물가 당국은 편안할 수 있다. 최근 우크라이나 사태로 유럽의 요금은 10배나 인상되는 등 그 파급효과는 충격적이었다. 그러나 우리는 요금 통제를 통하여 연료비 급등을 수십조 원의 한전 적자로 대응하고 있다. 우리 정부는 최소의 요금 인상으로 한전의 도산을 막는 수준으로 관리하고자 한다. 회사가 불합리한 요금억제정책으로 엄청난 규모의 적자로 부도 위기에 놓여 있는데도 한전 노조는 문제 제기를 하지 않고 있다. 소소한 괴로움은 있지만 한전의 적자는 한편으로 한전의 독점적 지위를 보장해주는 기능을 하기 때문일 것이다. 이런 인위적인 낮은 요금정책은 물가를 잡고자 하는 정부, 독점성을 선호하는 한전 노조, 돈을 적게 내는 소비자 모두 행복할 것이다. 그러나 이러한 정책은 시간이 지나면 드러나겠지만 전기의 비효율성을 증대시키고 전기 품질을 저하시키고 미세먼지를 증가시킬 것이다. 에너지 시스템의 고도화도 억제될 것이고 우리 제조업은 저부가가치 산업으로 남을 것이다. 그린 레이싱은 꿈도 꾸지 못할 일이다. 그리고 더 중요한 것은 한전의 적자는 결국 나중에 이자까지 쳐서 소비자들이 다 내야 하는 외상 돈일 뿐이다.

그런데 요금 정상화의 가장 큰 적은 정치권이다. 전기요금 인상은 표를 잃는 첩경이라는 정무적 판단이 너무 강하다. 현재 전 정부의 요금 인상 지연을 비난하는 모습을 보이고 있지만 여전히 요금 인상의 강도에 대해서는 많이 부족하다. 유럽은 소매요금의 10배 인상도 허용하는 제도를 운용하고 있다. 우리는 그에 비하면 아직도 많이 부족한 것이 사실이다. 한전의 30조 원 적자를 20조 원 적자 정도로 관리하는 것은 당연히 부족하고, 게다가 누적 적자가 50조 원에 이를 것으로 예상되는 상황에서 요금에 대한 진실된 국민 설득에는 아직 턱없이 부족하다.

이러한 요금 인상이 표를 깎아먹을 것이라는 믿음은 마치 유령과 같다. 어디에서도 공식적으로 주장하지 않으며 공식적인 문건도 존재하지 않는다. 그 유령이 무서워서인지 문재인 정부 시절 탈원전을 진두지휘한 모 장관은 요금 인상을 유발하지 않는다는 발언을 했다. 그로 인해 에너지 전환정책은 왜곡되기 시작하였다. 사실 당연히 에너지 전환과 기후대응에 소요되는 비용을 당당하게 설명했어야 한다. 지금 그 비겁함으로 인해 여러 사람들이 고초를 겪고 있는 것 아닌가. 유령은 실체도 없지만 분명히 존재하여 건전한 논쟁을 방해한다. 유령은 선거를 앞두고는 더욱 강해진다. 여야불문이다. 이명박 정부도 녹색성장을 주장했지만 이에 수반되는 고통인 비용, 즉 에너지요금에 대한 언급은 회피하였다. 그러나 이는 민주화와 산업화를 이룩한 우리 국민의 수준을 무시하는 것이다. 우리나라 소비자들에게 충분한 설명과 정보를 제공할 경우 그들은 전기요금의 적정화 혹은 심지어 요금 인상까지도 공감하고 수용할 것이라고 필자는 굳게 믿는다.

과연 요금의 인상이 그렇게 반대만 있을 것인가도 다시 생각해보아야 한다. 박근혜 정부 시절 전기요금 인상과 관련하여 대한상의에서 관련 업계 토론회가 열린 적이 있다. 기업들은 크게 시멘트와 같은 에너지 다소비 업계, 발전사와 같은 에너지 업계, 그리고 반도체와 같은 고부가가치 업계로 구성되어 있었다. 이들 세 그룹은 전기요금에 입장이 다 다르다. 그래서 당시 대한상의 관계자가 이야기하길 전기요금에 대한 대한상의의 공식적인 일치된 의견표명이 어렵다고 한 바 있다. 전기요금에 대한 이해관계는 생각보다 복잡한 것이다. 그리고 kWh당 전기요금이 오르면 부담이 증대되지만 결국 관련 기술과 행태의 변화로 결국에는 전기 소비자의 비용을 절감시키는 효과도 있다. 다시 이야기하지만 '항상 싼 게 비지떡'이라는 옛 말씀은 현명하다.

기존의 싼 에너지는 흰쌀밥이고, 앞으로의 비싼 에너지는 건강에 좋은 유기농 현미이다. 이제 우리도 건강을 위하여 온갖 비싼 영양제들을 먹고 있지 않은가. 싼 에너지, 즉 흰쌀밥은 우리 몸과 우리 제조업을 망가뜨리는 불량 음식이다. 다소 비싸더라도 우리도 이제는 비싼 유기농을 먹어야 할 시점에 다가가 있다. 이번에 유럽은 10배나 요금이 인상되어 그 생태계가 쑥대밭이 되었다. 반면 우리는 한전만의 적자로 나머지 경제 주체의 동요도 막고 인플레이션도 막았다고 안심할 가능성이 크다. 그러나 이후 유럽은 이 분야에 대한 투자 확대와 생태계의 진화가 있을 것이고, 우리는 현재 방식을 고수하며 시대에 뒤처질 것이다. 물론 민간 투자는 위축될 것이 자명하므로 다음번 외부 충격(shock)에 무너질 것이다. 이런 것이 바로 포퓰리즘이라는 것이다.

그런데 우리 국민은 잘 설명하면 기꺼이 지불할 용의가 있을 것이다. "하여간 돈을 내면 좋은 일들이 많이 생길 것입니다. 이제 싼 게 비지 떡입니다. 가격의 균형점은 시장과 함께 정책적으로 조정되는 것이 타당합니다. 우리 제조업에게 글로벌 시장을 선점할 수 있도록 먹거리를 제공해야 합니다. 우리가 우리 기업이 글로벌을 선점할 수 있도록 미리미리 혁신 수요를 창출해주어야 합니다. 비용 지불은 이제 쌍둥이를 더 강한 어른으로 기르기 위한 비용입니다. 에너지비용을 아끼지 말아야 합니다. 지금보다 더 내야 합니다. 그리고 어차피 내야 할 돈이면 가능한 먼저 내면 우리 쌍둥이들이 더 건강하게 자랄 것입니다"라고.

우리도 이제 '유기농 에너지'를 먹을 만한 수준에 이르렀기 때문이다. 에너지 수급과 그린화에 대한 비용 지불의 타당성, 비용 효과성 등을 자세히 분석하여 투명하고 공개적으로 토론하고 설명해야 한다. 다양한 이해관계자들의 상반된 반응을 토대로 충분히 공감대를 만들어 나갈 수 있다. 이는 투명한 정보 공개와 뜨거운 논의 과정을 통하여 국민의 이해와 공감대를 얻을 수 있다. 그러려면 전문가들의 용기 있는 역할이 필요하다. 요금 인상을 인위적으로 하지 않는 것은 사실은 외상처리되고 있는 것이다. 어차피 소비자들이 다 낼 비용이다. 몰래 외상처리한 정치인들이 박수를 받게 하는 일은 결코 있어서는 안 된다. 그냥 사기극일 뿐이다.

우리나라의 지난 60년간 에너지정책의 근간은 절대적으로 '연료 다변화'였고 그를 통하여 성공해왔다. 1962년 이후에는 경제개발계획을 집중적으로 지원하기 위하여 에너지를 공급하였다. 1962년 우리나라 에너지의 절반은 땔감이었다. 그러나 이후 연탄, 가스, 원자력 등으로 차례차례 다변화하기 시작하였다. 특히 1980년 전후한 석유파동은 이러한 다변화정책을 더욱 강화하기 시작한 계기가 되었다. 당시 발전소의 약 70%가 석유발전이었으나 대한민국은 빠른 시기에 석유발전을 퇴출시켜버린다. 역시 대단한 역동성임에 분명하다.

한편 에너지 수급과 관련한 정책 기조도 사연이 많다. 1990년대부터 이미 동력자원부 이후 관료들을 중심으로 무한대의 공급 우선 기조를 유지하기 어렵다는 판단 하에 수요 관리 중심으로의 전환을 시도하게 된다. 이미 입지난을 경험하기 시작한 것이다. 그러나 한전의 반발로 무산된 바 있다. 그리고 전력산업 구조 개편 등으로 총괄원가주의[16]에 대한 변경도 모색되기 시작한다. 경쟁과 시장 기능을 도입하여 가격 인하의 효과를 기대한 것이다. 그러나 이러한 변화의 움직

---

16) 구입 전력비와 송배전 비용, 판매비, 투자보수 등을 모두 합해 전기요금을 결정하는 방식이다.

임은 형식적인 변화로 마감하게 된다. 그러다 세월이 지나 그토록 오랜 세월의 굳건한 원칙이었던 전기사업법상의 '경제 급전[17] 원칙'은 여야 합의 하에 '환경을 고려한 경제 급전(환경 급전[18])'으로 수정되기도 한다. 그러나 이후 아무런 변화도 생기지 않았다. 우리나라의 전력 분야는 1962년의 패러다임에서 벗어나지 못한 것이다.

다시 이후 미세먼지와 기후변화 NDC 등의 등장으로 환경 이슈는 전력산업에 가장 중심적인 이슈로 바뀌기 시작하였다. 특히 환경그룹은 감축의 주 대상을 산업이 아닌 전환 부문(즉 전기에너지)으로 겨냥하면서 전력 부문은 급격한 변화를 경험하기 시작한다. 석탄발전에 대한 과감한 감축에 대한 공감대가 만들어지면서 실질적인 환경 중시 변화가 시작된다. 2020년 문재인 대통령의 탄소중립선언은 이러한 환경 중시 정책의 하이라이트를 보여주는 일대 사건이었다. 그런데 그 시점 문재인 정부의 탈원전정책은 탄소중립 우선 정책과 갈등하며 본격적인 정쟁적 갈등을 유발하게 된다. 에너지정책이 본격적인 정쟁의 대상으로 전락하면서 에너지 부문은 구조적인 갈등과 역량의 저하를 경험하게 된다. 다시 강조하지만 우리나라 에너지는 본질적으로 1960년대에 머무르고 있다.

---

17) 전력회사가 소비자에게 전기를 공급할 때, 가장 경제적인(저렴한) 에너지원을 이용한 전기부터 우선 공급하는 것을 말한다.
18) 전력회사가 소비자에게 전기를 공급할 때, 단순 비용만을 우선시하지 않고 환경에 영향을 주는 발전원은 배제하는 등 환경을 먼저 생각하며 전기를 공급하겠다는 방침을 말한다.

그리고 2022년 시작된 우크라이나 사태는 전 세계적으로 기후 중심적 사고, 즉 탄소중립의 흐름 속에서 기존 연료체계의 강고함을 다시한번 알리는 계기가 되었다. 가스 시장은 요동치기 시작하였고, 세계적인 인플레이션 현상을 만들고, 순차적으로 공급망 혼란과 자본시장의 혼선 등 엄청난 갈등을 유발하면서 에너지의 전략적 중요성을 다시 한번 확인시켜주는 계기가 되었다. 독일의 경우를 통하여 제조 강국의 지위와 에너지안보의 상관성이 더욱 확인되는 계기가 되기도 했다. 미국의 IRA법은 그런 의미에서 다시 한번 우리가 주의 깊게 봐야 하는 과제가 된 것이다.

가장 기억에 남는 아쉬운 장면들이 있다. 동력자원부 시절의 수요 관리 중심 에너지정책 기조로의 전환, 이명박 정부 때 전력망에 대한 근본적인 개선을 위한 전체 학계의 연구사업의 좌절, 박근혜 정부의 3차 에너지기본계획에서 천명한 분산화 기조로의 전환, 그리고 문재인 정부 때 수소사회로의 전환 등이 모두 실패로 끝난 것은 너무나 아쉬운 장면이다. 이러한 흐름이 적기에 채택되었다면 우리는 그린 레이싱을 통한 최강의 제조국가로 거듭날 수 있었을 것이라 확신한다. 당시 이러한 정책 전환들을 반대했던 산업부의 일부 관료들과 에너지 공기업의 일부 임직원들은 지금 어떻게 생각할지 궁금하다.

이러한 아쉬움의 근저에는 통상 '경제성'이라는 통념적 기준이 자리하는 경향이 있다. 특히 대규모의 에너지 전환 정책의 경우 어마어마한 비용이 수반될 수밖에 없다. 기후대응이나 관련 산업의 그린화 등에 대한 비용은 통상적인 경제성으로는 합리화하기 어려운 것이 사실이다. 그러나 만약 현재 사용하는 경제성이라는 척도를 활용했다면 우리는 예전에 경부고속도로 건설을 시도조차 하지 못했을 것이다. 또한 원자력이나 가스 도입과 같은 연료 전환 역시 통과하지 못했을 것이다. 경제성은 순전히 하나의 참고사항일 뿐이다. 일전에 일본 에너지경제연구원을 방문하여 일본의 에너지기본계획 수립팀과 면담을 한 적이 있다 그 전문가들은 경제성은 에너지믹스를 결정하는 하나의 요소에 불과하다고 단언한 바 있다. 전두환 정부 시절 우리나라의 발전설비는 엄청난 과잉 상태로서 경제성의 기준으로 본다면 정책의 실패임에 분명하다. 그러나 당시 3저 현상이 왔고 그 높은 예비력으로 인해 우리 경제는 크게 도약했다.

❖ 연료 전환에 따른 발전단가 비교

최근 원자력학회와 서울대학교가 참여하고 있는 에너지믹스 특별위원회(이하 특별위원회)는 다양한 에너지믹스 시나리오에 따른 발전단가의 변화 및 전기요금에 미치는 영향을 분석했다. 에너지믹스는 다양한 에너지원을 조합하여 에너지 수요를 조달하는 것을 의미한다. 에너지믹스 최적화는 국가 계획과 발전원의 경제성 등을 고려하여 구성된다. 특별위원회는 2050 에너지믹스를 원자력발전소 정책, 석탄발전소 폐쇄 시기, 재생에너지 비중 등을 고려하여 4개의 시나리오로 구성했다. 시나리오별 분석 결과에 따르면, 재생에너지의 비중이 가장 높은 시나리오 2의 발전단가가 가장 높았으며, 재생에너지 비중이 같을 때(시나리오 1, 3, 4)는 가스 비중이 가장 높은 시나리오 1의 발전단가가 가장 높은 것으로 나타났다. 추후 그리드 패러티 달성, 외부성에 따른 사회적 비용 내재화 등에 따라 에너지원별 발전단가는 바뀔 수 있다.

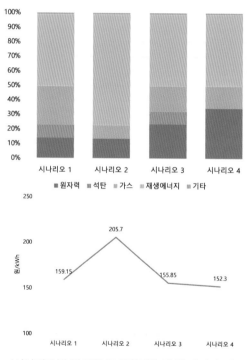

〈시나리오별 발전량 구성(위쪽) 및 발전단가 비교〉

[에너지믹스 특별위원회, 에너지믹스 분석보고서, 2021.08.]
출처: https://www.kns.org/boards/view/notice/101028/page/

시대별로 불가피하게 우리는 우리의 인프라를 전환해야 하는 당위성이 있을 수 있다. 지금이 바로 그러한 시기임에 분명하다. 석탄은 줄여야 하고 원전과 재생에너지, 그리고 수소에너지를 확대해야 한다. 이러한 정책적 당위성을 위해서는 엄청난 투자가 불가피하며 그것은 바로 요금 인상을 의미한다. 이 점을 소비자들에게 분명히 설명하고 설득해야 한다. 그것이 시대를 이끄는 리더십인 것이다. 그리고 그것을 효율적이고 혁신적으로 처리해야만 그린 레이싱이 달성될 수 있고 그것이 바로 소비자들의 이익을 관철시키는 것이다.

앞으로 우리는 어떤 연료로 우리 사회를 지탱해야 하는가? 이 점을 분명히 해서 소비자와 국민을 설득하는 것이 옳다. 당연히 우리가 어쩔 수 없이 받아들여야 하는 조건들을 감안해야 한다. NDC, RE100 등을 수용해야 한다. 그리고 전진화가 불가피한 상황 하에서 입지난과 계통의 문제를 감안한 분산화 역시 수용해야 한다. 그리고 강력한 제조업 국가의 지위를 유지하기 위한 에너지 수급은 원자력과 재생에너지만으로는 불가능하므로 기존의 화석연료를 탈탄소로 활용하기 위한 기술적 조치가 필요하며 CCUS 등을 활용한 수소사회의 구현 역시 불가피하다.

이러한 옵션들은 모두 기존의 에너지 시스템이 제공해온 가격균형점의 경제성 기준으로는 불가능하다. 특히 이러한 엄청난 변화의 동력은 혁신기술에 기반해야 한다. 즉, 수소환원제철법, 전기차, 수소차, 제로 에너지 건물 등을 동시에 추구해야 하므로 그 비용은 더 커질 수밖에 없다. 이제 수요도 없이 막대한 자금을 투자했던 경부고속도로의 투자 지혜를 활용해야 한다. 다시 말하지만 가격의 균형점은 이동해야 한다.

특히 여기서 중요한 것은 그 과정의 전략이다. 경부고속도로를 전투하듯 빠르게 건설했던 경험을 살려서 이러한 전환을 다른 나라보다 더 빠르게 처리해야만 우리는 글로벌 경쟁력을 담보하는 기술력과 제조 역량을 확보할 수 있다. 그래야 그린 레이싱에서 승리할 수 있다. 자원 빈국의 우리 입장에서 이러한 기술 혁신적 접근은 위기이자 도전이자 유일한 살 길이기도 하다. 소비자와 국민은 이에 동참해야 한다. 우리의 제조업을 살리기 위하여, 그리고 우리의 일자리를 구하기 위하여.

우리는 빠르게 전환해야 한다. 그러나 항상 그래왔듯이 이러한 진화에는 어려움이 따른다. 특히 결정적으로 방해하는 무리들이 있다. 다변화를 거부하고 특정한 에너지원만을 강요하는 무리가 그들이다. 모노칼라들이다. 이들은 그간의 대한민국의 에너지 전략에 반하는 무리이다. 특정 에너지원만을 선호하거나 혹은 혐오하는 일체의 무리 (경직된 환경 이데올로기 기반의 일부 정치권과 시민단체, 그리고 특정 에너지원의 이익만을 고수하려는 무리)이다. 이들은 국익과 지성에 기반하지 않는 왜곡된 소영웅주의에 빠진 무리로서, 정쟁화를 통해 자신들의 입지를 확보하는 정치화된 무리이다. 이들은 그러한 편협한 세계관을 매개로 사적 권력을 담보받으려 한다.

모노칼라들은 정권 교체 시마다 정책을 흔들어서 투자 불확실성을 확대하여 결과적으로 기업의 투자 의지를 감소시키는 악역향을 끼쳐왔다. 새로운 NDC 재설정 과정에서 탄소중립, 에너지 수급 안정, 그리고 제조업 그린화의 세 축에서 충분한 논의를 통하여 적정 믹스를 설정해야 한다. 이는 제도권(특히 거버넌스인 탄소중립녹색성장위원회 등) 내에서 스스로 해결해야 하는 일이다. 최근 이루어지고 있는 탈핵 논쟁, 태양광 논쟁, 그리고 새만금 풍력 논쟁 등을 살펴보면 모노칼라로 인한 부작용을 잘 알 수 있지 않은가.

이 와중에 우리는 원자력만으로 혹은 신재생만으로의 한가한 숫자놀음을 하고 있다. 이 역시 명확하다. 어느 정부건 그들이 선호하는 에너지원의 수치상 목표는 달성되기 어렵다. 원자력과 재생에너지를 국민적 합의 하에 최선을 다해도 우리가 필요로 하는 에너지의 수급에는 턱없이 부족하다. 자장면 살 돈밖에 없으면서 탕수육이냐 팔보채냐 고민하는 모습인 것이다. 우리는 고유 자원 없이 외세 자원에 의존하여 인류 역사상 최고밀도의 에너지사회를 구축한 나라이다. 우리는 청탁(清濁) 불문 에너지를 활용해야 한다. 다만 향후 반드시 강화될 기후 규제를 감안 시 탈화석연료의 흐름은 수용해야 한다. 이 역시 숙명적인 조건인 것이다.

여기에 또 하나의 리더십의 문제가 따른다. 현재 매 5년마다 변동되는 국가 리더십은 장기적인 민관의 파트너십을 보장받아야 하는 상황하에서는 애로가 많을 수밖에 없다. 우리는 분명히 선진국인데 현장에서의 의사결정방식은 개도국 수준에 불과하다. 하긴 이러한 현상은 전 세계적으로 널리 퍼져있기는 하다. 하여간 이 격차가 우리의 공동체적 문제 해결을 가로막을 것이다. 그런데 과거와 같은 독재적·계몽적 리더십이 필요한 것이 아니라 건전한 투자와 기술 혁신을 이끌 수 있는 새로운 리더십이 필요하다. 그래야 정상적인 선진국인 것이다.

따라서 그린 레이싱에서 성공을 위한 핵심은 국민이 직접 나서서 연료 다변화정책을 지지해주고, 그린 레이싱을 주장해주고, 요금 인상을 수용해주어야 한다. 그린 레이싱에서 성과를 보인 기업들에게 사랑을 보여주어야 한다. 특히 모노칼라들이 거짓된 주장을 하지 못하도록 야단쳐야 한다. 적어도 우리나라의 제조역량을 더 높일 수 있도록 국민이 공감대를 형성하며 직접 나서야 한다. 모노칼라들의 횡포를 견제해야 한다. 그린 레이싱을 방해하는 모노칼라들은 우리의 적임에 분명하다.

제3장 너무 많은 오래된 에너지 계획들의 혼선도 적이다.

사회생활 초창기에 국제에너지기구의 전문가회의에 참석한 바가 있다. 그때 비로소 선진국들의 전문가와 그 역량을 눈으로 보고 우리의 한계를 절감한 적이 있었다. 한편 저런 선진국의 축적된 역량을 넘어서서 우리가 수출입국을 한 것이 신기한 지경이었다. 당시 필자의 결론은 우리의 중장기 계획 수립 역량이 아닌가 생각한 바 있다. 한 달이면 5년, 10년짜리 계획을 수립하고 집행한다는 것은 선진국에서는 있을 수 없는 일이기 때문이다. 우리의 졸속 계획에 의한 빈번한 시행착오에도 불구하고 우리는 순간순간 여건 변화에 대응하며 계획을 수립하며 집중력을 발휘할 수 있는 장점을 발휘하였다. 물론 우리나라의 역동성의 근저는 우리 기업과 국민에게 있다.

이와 같이 우리의 국가계획 수립 역량은 우리의 성취에 크게 기여한 것이 사실이다. 단언컨대 60여 년간 우리나라를 부강하게 만든 가장 큰 리더십은 국가 차원의 정책이고, 좀 더 구체적으로는 바로 다양한 정부의 중장기 계획이었다. 수출입 자유화 조치나 97년 석유산업 자유화 조치 등의 자유화 조치가 있었지만 여전히 계획경제의 리더십은 함께 유효했었다고 봐야 한다. 그리고 이러한 흐름에는 큰 틀에서 모두 1962년 체제의 연장선상에 있었다고 봐도 무방하다. 그런데 이 기존의 체제들은 지금은 맞지 않는 상황이 되었다. 계획경제는 어디까지나 개도국 시절의 유산이다.

그런데 기후규제가 글로벌 스탠다드로 작동하고 각국이 보호주의로 돌고 있는 현 시점에서는 정책이 다시 중요해지는 상황이다. 다시 강조하지만 빌 게이츠조차 그의 기후와 관련한 책에서 시장과 기술뿐 아니라 정책이 중요하다는 언급을 한 것을 잘 생각해 봐야 한다. 그런데 정책은 계획을 통하여 실현되므로 계획은 여전히 필요하다. 따라서 우리도 새로운 시대에 어울리는 새로운 계획체계를 확보해야 한다. 물론 이러한 새로운 접근의 전제는 앞에서 이야기한 두 가지의 적에 대한 해결이다. 요금을 인위적으로 억제하고 에너지믹스를 정쟁화하는 상황 하에서는 어떤 계획체계도 작동하지 않고 오히려 상황을 악화시킬 뿐이다. 이 두 가지의 적들이 해결된다는 전제 하에 계획역량의 혁신을 어떻게 할지에 대한 고민을 시작해보자. 이러한 계획 수립을 주도한 것은 효율적이고 헌신적인 관료들이었다. 관료들은 막강한 조직과 예산을 활용하여 미래를 예측하고 목표를 설정한다. 그리고 그에 걸맞는 국가적 역량을 집중시킬 실행계획을 수립하고 이를 집행하였다. 이러한 현상은 특히 에너지 분야에서 두드러진다.

그런데 최근 이러한 관료들의 계획 수립 기능을 대체하기 시작한 것이 선출직들의 공약들이다. 전문성에 기반한 지나칠 정도로 정교한

계획은 비전 기반의 공약으로 대체되고 있다. 가장 강력한 계획경제를 성공적으로 이끈 에너지 분야가 가장 강력한 공약의 대상이 되고 있다. 그런데 문제는 선거전에 동원되는 공약은 4년 혹은 5년의 시야를 담을 수밖에 없다는 것이다. 그러나 우리에게 필요한 기후나 에너지의 시야, 즉 계획기간은 2050년까지의 30년짜리이다. 따라서 국가의 중장기 계획, 흔히 이야기하는 백년대계를 수명이 수년짜리 공약에 전적으로 맡길 수는 없다. 특히 에너지와 기후정책은 더욱 그러하다. 에너지는 여야 간의 합의가 전제되는 방식이 필요하다. 그래서 김대중 대통령이 시작한 논의구조인 '지속가능발전위원회'와 같은 거버넌스가 필요한 것이다. 물론 그 이름은 녹색위원회, 탄소중립위원회 등으로 계속 바뀌어왔지만.

이러한 정무적인 관점 말고도 계획 수립의 어려움은 실무적으로 증대되어왔고, 이로 인해 계획의 유용성이 의심받는 상황에 이르고 있다. 관련 에너지기술이 너무 작은 규모로 다양하게 진화하고 있다. 전력망의 건설 지연 등 입지난도 계획을 탁상공론으로 만드는 데 크게 기여한다. 에너지원 간 커플링이 강화되면서 에너지원별 미래 수요에 대한 예측도 상당히 어렵다. 게다가 이해관계자가 너무 많아지면서 계획의 집행력도 급감하였다. 그리고 시장 규칙 등도 교조적으로 바뀌면서 오히려 거래를 중단시키는 장벽이 자주 발생한다. 결론적으로 계획은 수립하기도 어렵고 계획대로 집행하기도 어렵다. 특히 입지의 고갈은 계획의 유효성을 악화시키는 가장 큰 요소이다. 인허가 중에서도 입지와 관련한 사안은 가장 어려운 장애요인이다. 가장 대표적인 사안이 바로 사용후핵연료 처분장이다.

또 하나의 문제는 우리나라는 에너지나 기후와 관련한 계획들이 너무나 많다는 것이다. 그나마 비전 제시용, 방향 제시용과 실행계획용 간의 구분이 없다. 이제는 비전과 방향과 실천을 한 묶음으로 처리하게 되어 이도 저도 아닌 뭉텅이가 되어버렸다. 이러한 현상은 제2차 에너지기본계획 당시 상위 목표인 국가 감축 목표와 하위 계획인 전력수급기본계획 등을 수치상으로 기계적으로 일치시키는 시도를 한 것이 시작이었다. 에너지기본법의 기본계획과 하위 실행계획 간의 규율에 대한 입법 취지를 존중하는 시도였다. 아주 완성도 높은 최고 수준의 에너지기본계획이 만들어졌지만 이러한 한 묶음의 계획체계는 이상과 현실을 하나로 통일시키려는 우를 범함으로써 비전, 방향, 그리고 실행이 모두 작동하지 않는 결과를 초래하였다. 게다가 정치가 관료를 통제하게 되는 통로로 작동하게 되었다. NDC만 손대면 현장의 발전소까지 일률적으로 조정이 이루어지는 것이다. 정작 그 계획들은 현장에서 작동도 하지 않는 것을 감안하면 너무나 어이없고 웃픈 상황인 것이다. 대한민국의 성공을 이끈 그 멋진 계획역량은 자가당착에 빠진 것이다.

❖ 에너지 및 기후 관련 주요 계획들 요약

계획	내용
에너지 기본계획	에너지와 관련된 가장 상위 계획으로서, 에너지 대책의 거시적 방향성을 모두 고려하여 수립됨. 향후 20년 동안의 에너지 수요 및 공급 전망, 기술 개발 및 인력 양성 계획 등을 포함함.
전력수급 기본계획	전력수급기본계획은 안정적인 전력 수급을 위해 향후 15년 동안의 전력 수요 예측, 전력 설비 및 전원 구성 계획 등을 수립하는 계획임.
신재생에너지 기본계획	신재생에너지 기본계획은 향후 신재생에너지의 주 에너지원으로의 도약을 지원하기 위해 신재생에너지 보급, 시장, 수요, 산업, 인프라 측면에서의 추진 전략을 제시함.
기후변화대응 기본계획	기후변화대응 기본계획은 기후변화 대응과 관련된 최상위 계획으로서, 향후 20년 동안의 국가 온실가스 감축 목표를 수립하고 하위계획의 원칙과 방향성을 제시하는 등 기후변화 정책의 전반적인 목표와 비전을 설정함.
2050 탄소중립 시나리오	2050 탄소중립 시나리오는 2050년 탄소중립 실현을 통한 우리나라의 미래상과 부문별 전환 내용을 전망함으로써 부문별 정책의 시기별 방향성을 제시함.

[경제정보센터, 경제정책 시계열 서비스, 2023.02.11. 검색]

출처: https://epts.kdi.re.kr/

이제 비전 제시용, 방향 제시용, 그리고 실행계획용 간의 기계적 통합성을 느슨하게 조정하는 것이 필요하다. 예를 들어 비전 제시용은 당연히 기후대응을 위한 NDC가 적정하다. 다만 환경그룹 주도형이 아닌 산업계의 동조를 받을 수 있는 과정이 필요하다. 이를 집행하기 위한 에너지정책의 방향 제시는 당연히 에너지기본계획이 수행하는 것이 타당하다. 에너지기본계획은 NDC 말고도 다양한 정책 기조를 제시하므로 가능한 수치적 목표 설정 기능은 최소화하는 것이 바람직하다. 에너지기본계획은 NDC를 존중하면서 그것을 실현하는 중장기의 방향성을 제시하고 국민과 이해관계자들의 공감대를 형성하는 도구로 사용하는 것이 적절하다. 이것이 원래 기본계획의 성격에 부합된다. 에너지법상의 하위계획에 대한 규율 조항은 방향성이지 세부 수치에 대한 사항은 아니었다고 당시 에너지법을 만드는 데 참여했던 필자는 생각한다. 일관된 방향성이 중요하다. 수치는 시장에서 작동하면서 실현되는 결과치이다.

특히 가장 실행력이 강한 전력수급기본계획은 명칭은 계속 변경되었지만 그 내용과 방법론적 측면에서 60년이 된 것이다. 그리고 CBP[19]라

---

19) 도매전력시장의 시장가격 결정 및 발전사업자 보상은 기본적으로 비용을 바탕으로 결정되기 때문에 이를 비용 기반 전력시장(Cost Based Pool; CBP)으로 부르고 있다. CBP는 에너지시장의 시간대별 계통 한계 가격(System Marginal Price; SMP) 용량에 대한 보상체계인 용량 요금(Capacity Payment; CP), 보조 서비스 보상기준(Ancillary Service Payment; ASP) 등을 포함하고 있다. [출처 : 전기저널(http://www.keaj.kr)]

고 불리는 전력시장은 임시로 활용하려던 것이 이미 20년 정도나 된 것이다. 현 상황에서는 잘 맞지 않다는 지적이 이미 오래전부터 있다. 그래서 전력수급기본계획 무용론도 여기저기서 나오는 것이다. 각종 발전사업들의 진입에 대한 허가 권한은 이제 시장 규칙으로 이전시키고, 원래 구조 개편 논의 당시에 계획한 대로 수요 예측과 전망을 하는 기능으로 전환할 필요도 있다.

새로운 계획체계에서는 앞서 이야기한 LEDS 전문가포럼이 제안하는 돌파기술에 대한 비전을 제시하는 것이 중요하다. 지금 소소하게 발전소를 어디에 몇 개를 지을 15년 계획을 수립하는 것은 어리석다. 계획체계 개편의 가장 중요한 것은 향후 에너지원을 어떤 식으로 개편할지에 대한 방향 설정과 함께 실천적인 내용은 발전소 건설 물량계획이 아닌 돌파기술의 실현 시기와 이를 위한 선제적인 수요 창출에 대한 입장을 표명하는 것이다. 그리고 그를 위한 인센티브에 대한 구체적인 내용을 제시해야 한다. 좀 더 단순화하자면 에너지기술과 관련한 산업통상자원부의 계획뿐 아니라 과학기술정보통신부 등 각 정부 부처들의 기술 관련 계획이 탄소중립정책과 에너지정책에서 그 위상을 높이는 조치가 필요하다. 고루하던 에너지기술들이 최근 들어 혁신의 속도가 급격히 빨라지고 있다. 그린 레이싱이 본격적으로 작동하고 있는 것이다. 그러므로 에너지기술정책을 국가적으로 선임정책화하여 에너지정책과 산업정책을 통합화하는 것은 매우 타당하다. 더 나아가 과학기술정책과도 긴밀히 연동시키는 노력이 필요하다. 이제 전 세계적으로 새롭게 산업정책의 시대가 도래한 것이다.

제4장 설득해서 함께해야 하는 그룹들이 있다.

통상 그린 레이싱의 적으로 오인되는 그룹도 있다. 그러나 필자의 경험상 이들은 그린 레이싱을 실천하기 위한 중요한 파트너다.

먼저, 가장 중요한 잠재적 그린 레이싱의 파트너는 우리나라 소비자단체이다. 오랜 역사를 갖고 있는 소비자단체는 단순한 소비자의 권익보호뿐 아니라 '책임 있는 소비자'라는 역사적 책무도 인식하고 있다. 소비자단체는 무작정 싸게 사는 권리를 주장하지 않는다. 제값에 사겠다는 의식이 더 강하다. 통상 소비자단체는 공공요금의 인하에만 관심이 있을 것으로 평가하지만 오래전 요금 인하를 겨냥한 전기요금 누진제 개편 관련한 공청회에서 오히려 일방적 요금 인하식 개편방안에 반대한 것은 소비자단체였다. 그들은 그린 레이싱의 소중한 협력자이다.

그리고 통상 님비의 대변인과 같은 평가를 받는 파트너들이 있다. 바로 지역주민들이다. 주민들은 입지를 바탕으로 각종 이익을 추구한다. 보조금을 원할 경우엔 더 강력히 반대하고 나선다. 일부는 인허가를 담보로 보조금 사냥꾼으로 작동하고 있다. 이들은 지역의 공공과 민간이 하나의 이익집단으로 작동하고 있다. 통상 그 중에서도 지역의 건설업자들을 중심으로 토착토호세력이라 불리는 그룹도 있다. 그러나 우리나라처럼 지역에 특별한 산업이 부족한 경우 중앙에서 내려오는 보조금에 기대야 하는 경우가 많다. 그 각종 보조금을 둘러싼 배분 과정의 불합리성에 대한 이해가 필요하다. 어디나 절묘한 질서가 있기 때문이다.

필자의 짧은 경험상 이러한 난맥상을 지역의 탐욕으로만 치부하는 것은 부적절하다. 지역주민은 나름의 이익을 위하여 최선을 다하고 있을 뿐이다. 오히려 어설픈 이데올로기에 물들어 있는 집단보다 더 똑똑하고 합리적이다. 얼마든지 대화가 가능하다고 생각한다. 이것 역시 선제적으로 규칙과 룰을 정해주면 지역주민들은 수긍하고 협조적일 것이라고 생각한다. 중앙이 혹은 정부가 혹은 공기업이 어설픈 것이었다. 누구나 이기적이지 않은가. 이러한 갈등은 대부분 적절한 규정과 절차의 부족으로 발생하는 경향이 있다. 적절한 목표 설정과 적시의 룰 제시를 통하여 문제를 해결할 수 있다.

우선 기존 체제에 안주하는 공공그룹, 특히 에너지 공기업들을 비효율 덩어리로 보는 경향이 있다. 공공 부문의 경우로서 특유의 성실성도 오히려 과거의 체제를 유지시키는 부작용을 유발하기도 한다. 그 중에서도 공공 부문의 구매와 관련한 보수주의는 기술 혁신을 가로막는 기능을 하기도 한다. 문재인 정부 시절 공공구매를 혁신하려는 노력이 있었으나 그 결과는 아직은 조금 부족한 듯하다.

그러나 결국 이들은 산업계의 그린화를 지원할 핵심 세력으로서 올바른 동기부여만 있다면 엄청 큰 활약을 기대할 수 있다. 우선 우리나라 공공 부문은 아직은 애국심이 남아있다고 자부한다. 공공 부문 종사자들은 다소 위험하거나 불확실한 프로젝트에 대하여 큰 부담 없이 개입할 수 있다. 통상 실패해도 인사상 불이익을 받는 법이 적기 때문이다. 그러나 민간기업의 경우는 다르다. 따라서 현재는 존재하지 않지만 미래에 성장할 것으로 전망되는 시장을 만드는 다소 모험적 프로젝트는 민관이 역할 분담으로 추진하면 의외의 좋은 결과를 얻을 수 있고 그런 사례도 많다. 공공의 개입은 활용하기에 따라 기업에 큰 도움을 줄 수 있다. 물론 흔치는 않지만.

그리고 마지막으로 기존의 낮은 요금에 안주하려는 다양한 경제 주체들이 존재한다! 이들은 사악한 것이 아니고 그들의 이익에 충실한 합리적인 경제 주체들일 뿐이다. 주로 낮은 에너지비용에 지속적으로 의존하려 하는 전통산업(한계상황 선상에 있는)과 각종 보조금에 익숙해진 소비자(주로 농어민)가 바로 그들이다. 그러나 이들을 설득하여 스스로 혁신하게 하는 것이 그린의 리더십 그 자체이다. 그러한 측면에서 볼 때 전환 과정에서 발생할 그들의 불이익을 어느 정도 보상해주고 적응할 시간을 주는 노력이 필요하다. 특히 가능하다면 그들에게 스스로 진화할 기회를 주는 것도 바람직할 것이다.

예전의 신조명사업과 고효율전동기사업에서도 규모가 작은 형광등업체나 전동기업체에 대해서는 추가적인 연구비 지원, 기술의 공유 기회들을 제공한 바 있다. 특히 시장 변화의 당위성에 대하여 충분히 대화하며 그들을 설득하였다. 그것이 정부의 리더십인 것이다. 그들은 저항할 것이다. 그러나 적이 아니다. 그들과 대화하는 것을 겁 내선 안 된다. 그들 역시 생존하고 싶어 하고 발전하고 진화하는 기회를 갖고 싶어 한다. 다들 충분히 현명하고 똑똑하다. 그리고 다들 의외로 애국적이었다.

제5부

그리고 그린 레이싱과 관련하여 이런 성찰도 있다.

　결국 그린 레이싱을 실현하기 위한 핵심적인 관건은 에너지의 임무를 확장시키는 것이다. 문제는 에너지 시스템은 현재도 자기 몸을 가누기 어려운 지경에 있다는 것이다. 그러나 그린 레이싱은 반드시 추진해야 하는 국가적 과제로서 현재의 어려움에 굴복해서는 곤란하다. 필자는 1992년 에너지 분야에 입문한 이후 30년이 지났다. 동력자원부가 살아있던 시절 에너지 분야에 입문한 필자는 군수지원사령부 소속처럼 인식하였다. 그러나 시간이 지나고 탄소중립이 논의되면서 마치 최전방의 전투사령부 근무로 전환된 느낌을 받는다. 에너지의 역할이 변화하고 있는 것이다. 지원에서 전투로. 그리고 큰 틀에서 그린 레이싱을 이끄는 산업으로 변화하는 것이다. 그런 면에서 확장된 임무를 수행하기 위하여 반드시 필요한 최소한의 긴급한 노력이 무엇인가를 고민해보면 다음의 두 가지를 들 수 있다.

우선적으로, 에너지 시스템에 장기적인 방향성을 제시하는 것이다. 에너지 시스템은 거대한 유조선과 같다. 소형 모터 보트 운용하듯이 단기 정책으로 전락시켜서는 곤란하다. 그런데 에너지기술이 보다 다양해지고 혁신 속도도 더 빨라지고 있다. 그리고 우크라이나 사태에서 보듯 지정학적 불확실성도 확대되고 있다. 그런 측면에서 가장 중요한 덕목은 누구나 공감할 수 있는 우리나라 에너지 시스템의 향후 진화의 방향성이다. 필자는 이런 측면에서 네 가지의 방향성을 제시해본다.

동시에, 이를 현장에서 구현하기 위한 가장 중요한 것은 사업에 투자하고 운영하기 위한 규칙이다. 이를 통상 시장 규칙이라고 한다. 매일매일의 거래를 규율하는 시장 규칙이 사업자들에게는 에너지의 실체이다. 현재 전력시장 규칙은 너무나 복잡하고 불확실하다. 누구도 어느 정도의 수익이 발생할지 예측하기 어렵다. 공기업이나 민간사업자나 공히 그러하다. 게다가 재생에너지, 수소, 배출권 등의 다양한 시장들이 무럭무럭 자라고 있다. 그러나 통합성에 대한 고민은 많이 부족하다. 게다가 전력시장의 문제를 해결하기 위하여 더 복잡한 규칙들을 새롭게 설계한다. 이에 따라 불확실성은 더욱 증폭된다. 소비자 이익을 보호하고, 투자를 확대하고, 기술 혁신을 유도하고, 그리고 수급 안정을 담보할 수 있는 새로운 시장의 규칙들이 필요하다. 그것이 그린 레이싱을 이끄는 에너지의 임무를 수행하는 실천의 모습이다.

제1장 에너지정책은 네 가지 기본 방향으로 개선해야 한다.

향후 에너지체계, 특히 전력체계의 하드웨어와 소프트웨어를 혁신하는 것은 그린 레이싱을 위한 선제적 조치이다. 전력업계의 진화뿐 아니라 우리 제조업에게 RE100 기회를 제공해야 하고, 동시에 개별 관련 산업의 혁신제품의 트랙 레코드와 기본 수요를 제공해주기 위한 기반을 제공하기 때문이다. 하늘 아래 새로운 것은 없다. 과거 우리가 어떤 실패와 아쉬움이 있었는지 알아보면 소비자와 국민의 이해와 공감을 받기 쉬울 듯하다. 우리의 상황에 대한 이해와, 우리가 어떤 각오로 무장해야 하는지 알아보자.

아주 예전 우리가 어렸던 시절, 어른들로부터 무수히 듣던 '석유 한 방울 나지 않는 나라'로 시작되던 잔소리들이 있었다. 아니면 '한 등 끄기 운동'은 나랏님 말씀이지만 어느덧 가정교육이 되어버렸다. 우리가 공업 입국을 지향할 때 우리나라 국민은 자원 빈국이라는 사실을 절실히 이해하고 있었다. 그 와중에 발생한 석유파동은 이러한 에너지에 관한 우리의 절절한 심정을 더욱 강화시켰을 것이다. 예전 정부 부처 간 심각한 논쟁 중에서도 누군가 "에너지 절약하자는 것 아니냐"라는 말 한 마디에 논쟁이 마감되곤 하였다. 그만큼 에너지절약은 국민적 합의가 명확했었다. 그러나 이러한 건전한 강박적 절약의식은 어느덧 사라졌다. 전기는 편리한 에너지가 된 것이다. 이제 예전의 계몽적 구호는 작동하기 어렵다. 이제 우리의 의식 기준을 수정하기 위한 방법은 '문화예술'과 같은 보다 더 씨크한 방법이 필요하다고 본다. 우리에겐 이제 문화예술이 그 정도의 큰 힘이 있다. 선진국이니까.

현재 우리나라에서 전기에너지는 전체에서 20% 정도의 비중을 갖고 있고, 나머지는 여전히 석유 등 주로 화석연료에 근거한다. 그러나 기후와 관련한, 물론 탈탄소를 위해서는 불가피하게 전기화의 비중이 늘어날 수밖에 없다. 그러나 주지하는 바와 같이 우리는 이미 최고밀도 상태로서 전기에너지의 증설에는 여러모로 상당한 어려움이 있다. 동해안에 건설한 발전소들은 원전이건 석탄이건 송전망 부족으로 여전히 가동이 여의치 못하다. 서해안도 이미 하늘 가득한 송전망으로 추가 건설은 요원하다. 이미 분주하다. 밀양 송전탑 사태 이후 우리나라에서 송전망과 같은 사회 인프라의 추가적인 구축은 한계에 봉착한 상태이다. 이제는 태양광, 해상풍력뿐 아니라 소규모 발전소, 변전설비, 폐기물처리장 등 거의 대부분의 사회적 기반설비들이 대부분 지역에서 막히고 있다. 입지는 사실상 고갈되어 있는 것이다.

사실 이러한 사태는 오래전에 예견된 것으로 1990년 중반 동력자원부는 그간의 공급 관리 위주를 수요 관리(Demand Side Mangement, DSM) 위주로 전환하고자 하였다. 지속적인 공급설비의 건설이 힘들 것이라는 판단이 있었을 것이다. 이미 입지의 고갈을 예견하고 있었던 것이다. 물론 1980년에 설립된 한국에너지공단을 통하여 에너지 효율화 사업을 지속해 오고 있었지만 에너지 공급사 자체를 수요관리 기관으로 전환시키려는 강력한 반전의 시도였다. 그래서 수요 관리라는 정책 기조로 전환하며 당시 발전·송전·배전 독점이었던 한전으로 하여금 전기 수요 저감에도 투자하도록 법적 규제를 시행한 바 있다. 정부가 주도하여 수백만의 발전소 물량을 대폭 줄이기로 결정하였다. 현재 환경단체들도 놀랄 만한 일을 당시 공무원들이 시도한 것이다. 그러나 전기판매회사에 판매를 줄이라는 것에 대하여 상당한 반발 끝에 이 정책은 아주 작은 규모의 보조금사업으로 전락하고 만다. 지금도 그 제도는 존치되어 있고 전력수급기본계획에도 반영되어 있으나 그 효과는 미미한 상황이다. 수요는 계속 늘어나고 입지는 점점 더 고갈되고 있는 것이다.

그러나 최근 IPCC는 공급단의 탈탄소화만으로는 부족하며 1.5℃ 시나리오를 만족시키기 위해서는 이제 본격적으로 수요를 줄여야 한다고 발표한 바 있다. 기존의 효율화를 통하여 수요는 유지하면서 에너지 사용을 줄이자는 내용이 아니다. 수요, 즉 시장을 축소시켜야 한다는 것으로서 전 세계적인 성장을 줄여야 한다는 충격적인 제안이다. 그만큼 기후변화가 심각한 지경이라는 것에 대한 경고인 것이다.

그러나 에너지절약이건 고효율화이건 우리나라에게는 아직 그럴 수 있는 잠재량이 많다. 시내에 나가보면 냉난방을 켜놓고 동시에 문을 열고 호객하는 가게들을 얼마든지 볼 수 있다. 그리고 에너지절약시설에 대한 수요도 아직 많이 남아있다. 연료 측면에서 전기화는 불가피하지만 전기화의 효율성 극대화를 통한 설비 부담을 줄이는 노력이 우선적으로 필요하다. 수요 관리가 우선이고 연료 전환이 그 다음이어야 정상이다. '수요 관리 우선 원칙'이 이것이다.

두 번째는 '분산화'에 관한 사안이다. 기억에 남는 장면은 박근혜 정부 때 수립된 제3차 에너지기본계획의 내용이다. 당시 환경단체, 원자력그룹, 그리고 전문가들로 구성된 민관위원회에서 어렵게 원전 비중을 합의 도출한 바 있다. 그 합의는 문재인 정부에서 존중되지 못하였지만 사실 할 말이 없기도 하다. 당시 원전 비중 합의에는 분산화와 세제 개편이라는 추가적인 합의가 있었다. 세제 개편은 일부 실현된 바 있지만 분산화 합의는 당시 정부에 의하여 바로 버려진 바 있다. 그러므로 지난 정부에서의 원전 합의를 지키라는 주장을 하기에는 한계가 있다.

그리고 제주도에서 시행된 CFI 사업에서도 사업 초기 한전의 송전 담당 임원과 일군의 전문가들이 제주도청에서 향후 예상되는 망포화 현상에 대한 우려를 전달한 바 있다. 그러나 도청 공무원들로부터 무시당하고 핀잔이나 받고 그 회의는 마치게 되었다. 만약 그때 전문가들의 지적을 수용하여 대응했다면 지금과 같은 재생에너지 출력 제한(Curtailment) 난리는 발생하지 않았을 것이다. 항상 공무원들은 '쓴소리를 하는 전문가'들의 의견을 존중할 필요가 있다. 일본 후쿠시만 원전 사태 당시 일본 공무원이 한탄했다는 이야기를 들은 적이 있다 "우리나라에는 두 가지 부류의 전문가가 있다. 하나는 어용이고 또 하나는 무용이다." 이 역시 망 문제에 대한 우려가 예전부터 있었음을 이야기하는 것이다. 망은 그만큼 중요하고 심각한 이슈이다.

2차 에너지기본계획 수립 당시 분산화에 대한 전문가들의 강력한 주장의 근저는 제주가 아닌 전국 단위의 송전망 포화에 대한 우려였다. 밀양 송전탑 사태 당시 조사한 내용에 따르면 송전선이 통과하는 지역주민들은 실질적인 재산상 피해를 입고 있었다는 사실을 확인하였다. 예를 들어 발전소 지역주민의 경우 보상금이 주어지는 동시에 통상 예외는 있겠지만 주변 땅값의 상승이 동반하는 경우가 흔하다. 도로 건설, 숙박시설 등 지역 발전이 동반되기 때문이다. 그러나 송전선의 전파 피해는 과장된 측면이 있지만 거래절벽에 봉착하는 등의 피해는 분명하다. 또한 전기공학적으로도 전기 수송에 한계가 있다는 지적도 상당히 설득력이 있었다. 따라서 비용도 더 들고, 소규모 지역 갈등도 더 확대되고, 망 운영의 어려움도 예상되었지만 분산화는 불가피한 선택이었다. 만약 당시 분산화 합의를 정부가 성실히 수행하였다면 현재와 같은 복잡하고 괴로운 일들이 많이 줄었을 것이다. 분산화 합의가 실현되지 않은 점은 지금도 상당히 아쉽다.

세 번째는 최근 본격적으로 논의가 이루어지기 시작한 '섹터 커플링'에 대한 이야기이다. 우리의 당면과제는 탄소중립을 위하여 전기화를 더 촉진해야 하고 이를 위해서는 전기차, DR 등의 수요를 확대하고, 공급 측은 원자력, 재생에너지의 비중도 확대해야 한다. 이를 위하여 전력망을 더욱 스마트하게 혁신해야 한다. 동시에 수소의 수요를 확대하면서 열에너지 등과의 협업도 증대시켜야 한다. 그런데 이미 우리 국토는 비좁다. 전력망, 가스망, 그리고 열수송관 등으로 가득 차 있는데 이제 이 인프라를 더 확장해야 하고 게다가 수소망도 새롭게 구축해야 한다. 이것이야말로 진정한 난제인 것이다.

앞으로 전력, 가스, 열, 그리고 심지어 수소까지도 한정된 국토 입지를 감안하면 추가적인 인프라의 확충에는 상당한 어려움이 예상된다. 따라서 한정된 에너지원별 인프라를 좀 더 긴밀히 활용하여 그 효율성을 극대화하는 노력이 필요하다. 상호 융통을 통하여 에너지 전체의 효율적 이용을 극대화하는 노력을 통상 '섹터 커플링'이라고 이야기할 수 있다. 이에 따라 거래방식, 수익률, 혁신기술 등의 모든 조합이 변동될 것이다. 그리고 현실이므로 어쩔 수 없이 중앙 부처뿐 아니라 기초단체장의 입김도 무시하기 어렵다. 따라서 소비자와 사업자, 그리고 투자자의 지지를 받을 수 있는 룰, 로드맵은 더욱 절실하다. 툭 튀어나온 어설픈 타자가 판을 흔들도록 허용할 수는 없지 않은가.

 따라서 인프라들을 더 통합적으로 운용하면서 상호 간의 융통도 확대하고 거래도 허용함으로써 입지 부족 문제를 극복하면서 그 과정에서 완전히 새로운 서비스를 개발하여 보다 새로운 고부가가치의 서비스를 제공하는 노력이 필요하다. 그리고 기존의 주유소에 전기차와 수소차가 이용할 수 있는 복합 충전공간을 마련해야 한다. 에너지 슈퍼스테이션 [20] 이 그것이다. 동시에 이러한 복합화가 가능하도록 원별로 규제되는 인허가 제도도 통합해야 한다. 당연히 관련 에너지원 간을 넘나드는 V2G[21] 등의 X2X 기술들도 조기에 확보해야 한다. 이것을 섹터 커플링이라도 한다. 법적·기술적·입지적 통합을 먼저 이루는 국가가 그린 레이싱에서 승리할 수 있다. 통합화(섹터 커플링) 원칙이다.

---

20) 도매전력시장의 시장가격 결정 및 발전사업자 보상은 기본적으로 비용을 바탕으로 결정되기 때문에 이를 비용 기반 전력시장(Cost Based Pool; CBP)으로 부르고 있다. CBP는 에너지시장의 시간대별 계통 한계 가격(System Marginal Price; SMP) 용량에 대한 보상체계인 용량 요금(Capacity Payment; CP), 보조 서비스 보상기준(Ancillary Service Payment; ASP) 등을 포함하고 있다. [출처 : 전기저널(http://www.keaj.kr)]
21) Vehicle-to-grid로 전기자동차를 전력망과 연결해 배터리의 남은 전력을 이용하는 기술이다. 전기차를 에너지저장장치(ESS)로 활용해 주행 중 남은 전력을 건물에 공급하거나 판매한다. [출처 : 위키백과 'V2G']

특히 원자력을 이용한 핑크수소, 해상풍력을 활용한 그린수소, 그리고 CCUS를 활용한 가스 기반의 블루수소 등은 이러한 통합성을 위한 섹터 커플러 그 자체이다. 새롭게 실현해야 하는 수소사회는 이러한 입지난을 감안한 보다 더 통합적인 에너지 시스템 구축의 핵심적 신규 투자 기회가 될 것이다.

마지막으로 강조하고자 하는 것은 그린 레이싱 지원을 위한 정부의 역할인 '혁신 수요의 창출'에 대한 사안이다. 그린 레이싱은 글로벌한 차원에서 어느 나라가 핵심적인 기술 공급 국가가 될 것인가에 대한 시간 싸움의 성격을 갖는다. 마치 우리나라가 K국방으로 서방 진영의 새롭게 떠오르는 무기 공급 국가가 되는 것을 연상하면 된다. 마찬가지로 기후대응에 필요한 기술 - 전기차, ESS, CCUS, 수소환원제철법 - 등의 혁신기술을 주도적으로 공급할 것인가에 대한 이야기이다. 우리의 제조역량이 여기서 승리하기 위한 정부의 역할은 바로 우리나라 내부에 기술 선점과 양산효과의 경쟁력을 조기에 확보하기 위한 혁신 수요를 창출해주는 것이다. 이는 제도적으로는 가속적인 보조금 지원제도나 강제적인 기술규제 혹은 공공구매를 의미한다.

우리나라 에너지시장제도는 우리나라 기업에 대한 별도의 배려는 없다. 다만 보조금의 세부 산정 과정에서 약간 우대해주는 수준에 불과하다. 따라서 우리 제조역량이 글로벌 시장을 선점하기 위한 트랙 레코드 확보나 마중물 수준의 초기 혁신 수요 확보에는 부족한 것이 사실이다. 다소 돈이 좀 더 들어도 외산품 수입보다는 국내 기술을 활용해서 그들에게 수출의 기회를 제공하는 것이 바람직하다. 예전 에너지가 이차전지에 대한 대규모 보조를 시행한 적이 있다. 당시 필자도 반대했었으나 지금 보면 당시의 그 보조가 현재의 이차전지의 글로벌 위상 확보에 결정적이었던 것으로 판단된다. 보조금을 잘 활용하는 지혜가 필요하고 가능하다면 그것을 시장제도에 녹여두는 것이 바람직하다.

이와 관련하여 세 가지의 보조금 시나리오 이야기를 하자. 정부의 보급 지원이 없는 경우, 가장 싼 기술에 대한 보조, 국산품에 대한 추가적인 보조, 세 가지이다. 이를 각각 0원, 150원, 170원 시나리오라고 하자. 170원 시나리오는 다소 비싸지만 국산제품에 대해 20원의 추가보조를 해주는 것이다. 물론 가능성이 전무한 국산품에 대하여 추가보조를 하자는 것은 결코 아니다. 0원 시나리오는 추후 그 기술이 더 저렴해지기를 기다린다는 전략성도 내포하고 있다. 필자는 이 중 가장 저급한 선택을 150원짜리 선택이라고 생각한다. 아무런 산업정책적 효과가 없이 수입 기술을 보급할 바에는 좀 더 시간을 갖고 가격이 의미 있게 낮아질 때까지 기다려서 보급하는 것이 좋다고 본다. 반면에 나름 경쟁력이 있을 것으로 예상되면 보조금이 더 들더라도 유효한 방법론을 통하여 국내 기술에 가속보조를 시도하는 것이 현명하다. 만약 이를 통하여 글로벌 경쟁력을 확보한다면 그 품목은 K방산의 형제가 될 것이기 때문이다. 물론 믿고 기다려주는 용기가 필요하다. 이것이 최근 대부분의 나라가 사용하는 새로운 시대의 새롭게 부활한 '신산업정책'이다. 미국의 IRA를 보라.

향후 에너지 시스템에서 혁신의 기본 방향은 여전히 수요관리원칙, 분산화원칙, 그리고 통합화원칙(섹터 커플링), 그리고 혁신 수요 창출이어야 한다. 이를 통하여 탄소중립에 기여하고, 우리 전력 시스템의 고도화와 관련 산업의 그린화가 가능해질 것이다. 이제 남은 숙제는 이러한 방향으로 투자가 이루어지도록 기존의 제도들, 특히 계획체계와 시장체계를 개편하는 것이다. 물론 쉽지 않다. 그러나 반드시 해결해야 하는 시대의 숙제이고 그린 레이싱으로 가는 길이다.

제2장 복잡한 에너지시장 규칙들을 알기 쉽게 통합한다.

에너지는 어마어마하게 크고 복잡하며24시간 작동하는 가장 대표적인 유비쿼터스형 시스템이다. 소비자들은 매일매일 전기, 열, 석유류 등의 에너지를 시장에서 구매하여 사용한다. 이들 에너지의 가격을 누가 정할 것인가, 누가 거래를 책임질 것인가, 그 와중에 세금은 얼마나 걷을 것인가 등을 결정하는 복잡한 규칙들이 작동하고 있다. 이외에도 누가 자원을 해외에서 수입할 것인지, 사업의 인허가는 누가 할 것인지, 그리고 그 사업이 수익률이나 보조금의 규모를 얼마로 할 것인지를 결정하는 무수한 규정과 절차들이 존재한다. 이러한 규칙들의 총합이 바로 에너지시장이고 에너지정책의 실체인 것이다.

석유류는 주유소를 통한 경쟁을 통하여 소비자가 선택하는 상품이지만 전기에너지의 경우 아직은 한전이 독점적으로 판매하는 구조를 갖는 경직된 시장이다. 전기의 거래방식은 외형은 시장에서 정하지만, 내면으로는 여전히 정부가 통제한다. 전력시장은 그 자체로도 복잡하지만 열에너지, 재생에너지 등과 연동되어 아주 복잡한 거래가 매일매일 이루어지고 있다. 거기에 통제가 어려운 원전이나 재생에너지의 확대로 인해 소비자들은 결코 이해하기 어려운, '정전 예방을 위한 주파수 관리'라는 일들을 불안불안하게 초 단위로 처리해내고 있다.

이제는 크고 작은 사업자들도 많아져서 그 이해관계 조정으로 골치가 아프다. 그런데 이 시스템이 너무 복잡해져서 소위 정부도 전문가들도 가끔씩 길을 잃는 상황이다.

현재 전기에너지라는 상품의 거래는 소위 '비용 기반 전력시장(Cost Based Pool, CBP)'이라는 시장 규칙을 따른다. 20년 전 구조 개편의 이행 과정에서 아주 잠시 이용하기로 한 제도였다. 발전사업자는 독점판매사인 한전에 전기를 판매하고 한전은 소비자들에게 소매사업자로서 직접 판매를 한다. 현재 우리나라는 전국이 동일한 소매요금으로 부산이나 서울이나 광주나 모두 동일한 요금을 받고 있다. 그리고 해외에서 구입하는 가스 가격은 급변하지만 소비자 가격은 매우 경직적이다. 지난 정부 말에 연료비 연동형으로 요금제도를 개편하였으나 막상 정무적인 이유로 작동하지 않았다. 그래서 최근 우크라이나 사태로 유럽의 전기요금은 10배 가까이도 폭등했지만 우리나라는 안정적인 가격을 유지하며 한전이 고스란히 30조 원 가까운 적자를 감내하고 있다. 이것은 물론 장단점이 있는 상황이다. 전기 소비자들은 안정적인 사업을 할 수 있지만, 반면에 한전은 지속적으로 적자/흑자의 변동성을 담보해야 한다.

❖ 우리나라 전력시장 종류

우리나라는 전통적으로 비용 기반 전력시장(Cost Based Pool, CBP)을 운영해왔다. CBP는 2001년 전력시장이 개설되면서 도입된 도매 전력시장으로, 에너지 시장과 용량 시장을 포함한다. CBP는 비용을 기준으로 입찰가격이 정해지는 매우 독특한 형태의 시장이다. 우리나라는 그동안 한국전력공사가 원자력과 석탄을 중심으로 전력을 공급하였기 때문에 CBP가 안정적으로 운영됐다. 하지만 최근 GS EPS, 포스코에너지, SK E&S 등과 같은 민간 발전사가 시장에 진입하고 재생에너지 보급 필요성이 증가하면서 새로운 시장들이 등장했다. 대표적으로 신재생에너지와 관련된 발전차액지원제도(Feed in Tariff, FIT), 신재생에너지 의무할당제(Renewable Energy Portfolio Standard, RPS), 수소발전의무화제도(Hydrogen Energy Portfolio Standard, HPS), 그리고 온실가스 배출권거래제(Emission Trading Scheme, ETS)가 있다.

FIT는 신재생에너지 보급을 지원하기 위해 정부가 신재생에너지로 생산한 전력을 고정된 가격으로 구입하는 제도이다. FIT는 신재생에너지 시장이 확대되면 정부가 보상해야 하는 차액에 대한 부담이 증가한다는 단점이 있었으며, 이에 대한 대안으로 RPS가 시행됐다. RPS는 500MW 이상의 발전시설을 보유하고 있는 발전사업자에게 발전량의 일정 비율 이상을 신재생에너지로 공급해야 한다는 의무를 부여하는 것이다. 2023년 이후 의무 공급비율은 전체의 10%이며, 직접 발전설비를 도입하는 것 외에 다른 신재생에너지 발전사업자로부터 인증서를 구매하여 할당된 공급량을 달성할 수 있다.

최근 수소경제 확대를 위해 RPS에서 연료전지를 별도로 관리하는 HPS를 도입하였다. RPS 내 수소의 비중은 13%로, 태양광이나 풍력과 같이 이미 성숙도가 높은 기술에 비해 비중이 크지 않다. 따라서 수소발전에 대한 의무 공급비율을 독립적으로 관리함으로써 보급을 가속화하는 것을 목표로 한다.

ETS는 교토의정서에 규정되어 있는 교토 메커니즘 중 하나로, 온실가스를 배출하는 사업장을 대상으로 정부가 온실가스 배출권을 할당하고, 그 범위 내에서 배출 행위를 할 수 있도록 유도하는 제도이다. 사업장은 온실가스 배출량을 평가하여 여분 또는 부족분의 배출권에 대해 사업장 간 거래를 통해 판매 수익을 얻거나 할당량을 달성할 수 있다.

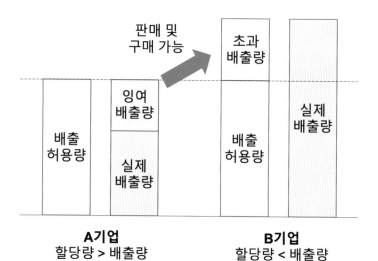

〈온실가스 배출권거래제 개념〉

[전기저널, 변동비 반영시장의 현황 및 개선 방향, 2019.11.]

[엔라이튼, RPS제도란 무엇인가요?, 2020.01.]

[한국경제, 수소발전의무화제도]

[한국환경공단, 온실가스 배출권거래제]

출처: http://www.keaj.kr/news/articleView.html?idxno=2972

https://www.enlighten.kr/insight/glossary/1044

https://dic.hankyung.com/economy/view/?seq=14705

https://www.keco.or.kr/kr/business/climate/contentsid/1520/index.do

그런데 이 전력시장의 규칙들이 점점 더 크게 문제를 야기하고 있다. 다시 말하자면 사업자들의 입장에서는 누구도 자기수익률을 예상하기 어렵다. 자기의 노력에 의하여 수익이 결정되지 못하는 것이다. 급기야 최근에는 'SMP 상한제'로 정부가 사업자들의 수익률을 정부가 직접 통제하는 상황에 이르렀다. 누가 발전사업과 인프라에 투자하고 싶겠는가. 한편 시시각각 소매요금을 변동시키면 소비자들이 합리적으로 소비할 것이라는 믿음이 있다. 그러나 현재처럼 낮은 요금에서는 오히려 '합리적으로' 소비를 부추길 가능성이 있다. 그만큼 싸기 때문이다. 기후대응에 투자를 확대해야 하는 상황에서 여건은 반대로 가는 것이다.

하여간 이 전력시장은 복잡하고 문제가 많고 어딘가 미로에 빠진 정도로 이해해도 과히 틀린 이야기는 아닐듯하다. 그런 면에서 현재의 전력시장 규칙을 더 고도화하여, 즉 더 복잡한 규칙을 주입하여 문제를 해결하려는 시도에 대한 전문가들의 우려가 있다. 결국 석유시장처럼 소비자가격 자유화 조치가 없는 한 규칙을 더 많이 만들어도 전력 시스템의 연립방정식은 해를 구할 수 없다.

그런데 진짜 우리가 관심을 가져야 하는 것은 현재 작지만 꾸준히 진화 중인 다른 시장들에 있다. 전통적인 지역난방 등의 열시장 말고도 재생에너지를 위한 RPS 시장, 수소 확대를 위한 HPS 시장, 배출권의 상호거래를 허용하는 ETS, 향후 효율화와 관련한 시장 비슷한 EERS 등 이름도 생경한 다양한 에너지원별 시장들이 각각의 논리를 갖고 진화 중이다. 그런데 이들 시장들은 모두 전기에너지 생산 과정에서 발생한다는 측면에서 CBP 시장의 형제들이다. '전력시장네 형제들'이다. 이들 시장이 지금처럼 독자적으로 우후죽순으로 성장한다면 우리의 에너지시장은 진짜 사다리 타기 수준의 게임으로 전락할 가능성이 있다. 어마어마하게 복잡해져버린 이들 형제들은 돈을 내는 소비자와 투자를 하는 사업자들을 혼란에 빠뜨릴 개연성이 크다. 정부는 물론이고 심지어 타짜들인 은행가들도 손발을 들 지경이 될 것이다. 투자를 해도 얼마를 벌지 도무지 알 수가 없으니 투자가 이루어질지 의문이다.

전력시장네 형제들의 진짜 역할이 있다. 이들 형제가 하는 일은 석탄, 원전, 재생에너지, 수소, 수요관리 등 에너지원별로 느슨하지만 적정 규모의 포트폴리오와 수익률, 보조금 규모 등을 결정하는 것이다. 향후 기후변화나 미세먼지 대응을 위해서는 적절한 믹스가 필요하며 이제 이들 형제의 '통합성'을 강화하여 이를 실현해야 한다. 믹스의 조정은 시장 규칙에 의하여 자동적으로 이루어질 수 있는 거래방식이어야 한다. 어차피 모두 소비자들이 내는 돈으로 그 임무를 완수하는 것이고, 그때 거꾸로 환산하여 배분의 원칙을 정하는 것이 바로 이들 시장제도인 것이다. 시장제도 자체도 정책의 일환임에 분명하다. 향후 기후대응에 필요한 믹스의 조정은 결국 계획보다는 '통합된 시장 규칙'으로 실천하는 것이 바람직하다.

시장설계에 있어서 중요한 것은 시장이 어떤 방식으로 진화할 것인지에 대한 신뢰가 있어야 한다. 강건한 시장제도의 진화에 대한 '로드맵'의 필요성이다. 최근 자주 바뀌는 정책 기조로 인하여 시장은 정부의 정책을 불신하는 상황이 되어버렸다. 에너지는 가장 대표적인 장기적인 안목이 필요한 정책 분야이다. 그런데 정권이 바뀔 때마다 심지어 담당공무원이 바뀔 때마다 정책이 바뀌면 누가 투자를 하겠는가. 이러한 문제에 대응하기 위하여 정부는 로드맵을 제시할 필요가 있다. 예전 전력산업 구조 개편의 그 복잡한 논의에서도 결국 한 페이지의 로드맵만 남았던 기억이 있다. 큰 틀에서 현실적으로 국민과 주요 이해당사자들이 공감하고 인정할 수 있는 에너지 시스템의 진화 방향을 담은 로드맵이 절실히 필요하다. 그 공감대가 클수록 시장제도의 안정성도 증대된다. 다만 그 복잡성을 감안하여 시장의 로드맵 실현은 10년 정도의 시간을 갖고 천천히 추진하는 것이 좋을 듯하다.

마지막으로 진짜 중요한 원칙이 있다. 통상 '거버넌스'라고 불리는 것이다. 시장의 룰의 설정 및 변경 시에는 그 모든 비용을 지불하고 있는 이해관계자들의 참여가 중요하다. 바로 사업자와 소비자이다. 우리나라의 전기사업자들은 대부분 낮지만 안정된 수익률을 기대하며 정부의 계획 하에 인허가를 득하여 사업을 시작하였다. 그러나 정부가 시장 규칙을 임의로 수시로 바꾸면 사업자들 입장에서는 혼란이 발생할 수밖에 없다. 현재도 이미 대규모 소송전으로 비화될 분위기는 가득하다. 게다가 한전은 미국 뉴욕증시에 상장된 상태로서 국제 소송전 이야기는 흔히 거론되고 있다. 이러한 제도적 불안정성은 선진국이라고 말하기에 너무 창피한 수준이다. 동시에 향후 필요한 대규모 투자에 대한 부정적 영향을 미칠 것에 대한 우려가 점차 심화되고 있다.

또한 소비자들, 가정주부와 공장장의 의견은 반드시 의미 있게 청취되어야 한다. 이와 같이 정책이나 시장 규칙을 수정할 때 이해당사자들의 의견을 청취해야 한다면 누구도 함부로 그때그때 단기 현안에 대응하기 위하여 수시로 시장 규칙을 바꾸려는 유혹에 빠지지 않을 것이다. 이러한 규칙의 안정성으로 오히려 투자도 보다 원활하게 이루어질 것이다. 동시에 정부도 현안에 대응하고자 임시방편으로 시장에 개입하려는 유혹에서 자유로울 수 있다. 진정한 시장의 주인인 소비자도 자신들의 권리를 잘 보호할 수 있고, 또한 동시에 현명한 '책임감 있는 소비자'(Responsible Consumer)는 자신의 양심과 후손을 보호할 수 있다. 이들 시장제도의 형제들이 시장 참여자들과 잘 화합하고 또 나름 경쟁하며 우리나라의 적정 믹스와 그린 레이싱에 기여하는 날이 오기를 진심으로 희망해본다.

제3장 그린 레이싱도 전략적 사고가 필요하다.

그린 레이싱은 국가 간의 상대가 있는 경주이다. 경쟁인 것이다. 따라서 무엇을 할 것인가도 중요하지만 그것을 달성하는 효율성과 그를 담보하는 전략이 중요하다. 그런 면에서 세 가지 전략적 사고를 제안하고자 한다. 우선 기존 산업과 그린화에 따른 새로운 산업 간의 문제를 어떻게 정리할 것인가의 전환의 원칙에 대한 이슈가 있다. 흔히 이야기하는 '정의로운 전환'이 타당한 것인가를 고민해 봐야 한다. 그리고 두 번째로 누가 주도할 것인가의 이슈이다. 민간과 공공 간의 협업 필요성에 대한 이야기이다. 마지막으로, 전환의 속도에 대한 이슈가 있다. 속도는 결국 초기에 국가가 미리 지불하는 비용 혹은 보조금의 이슈이기도 한 것이다. 즉, 다른 나라의 그린화의 속도 및 강도와의 경쟁이다.

가장 먼저, 기존의 에너지 다소비 산업을 어찌할 것인가. 지난 정부에서 환경부의 모 공무원이 철강, 석유화학 등 몇몇 에너지다소비 제조업을 포기할 수 있다고 발언할 적이 있다고 들었다. 이러한 접근법이 국익과 인류의 생존에 도움이 될까? 국익의 손상은 분명하고, 지구적으로는 온실가스를 배출하는 공장들이 더 싸고 더 많이 배출하는 다른 나라로 이동하는 것에 불과하다. 여기서 한 가지 우리의 사고를 지배하는 단어 하나를 문제 삼으며 이야기를 구체화하고자 한다. 바로 '정의로운 전환'이 그것이다.

이러한 신구의 갈등을 예견하고 이에 대비하고자 등장했던 구호가 바로 '정의로운 전환'이다. 이는 탄소중립은 확정적이고 비가역적이기 때문에 전환 과정에서 부당한 피해를 보는 산업, 노동자, 주민 등의 피해를 최소화하는 데 집중해야 한다는 것이다. 그러나 작금의 상황은 정의로운 전환이라는 용어가 무척이나 한가하게 느껴진다. 각국은 탄소중립을 위해 전통에너지에 대한 투자를 중단하고 미래를 준비하였으나 이번 우크라이나 사태를 통해 전통에너지의 막강한 영향력을 체감하게 된다. 기존 에너지체계에 기반한 산업의 선제적 퇴출을 전제하고 있는 '정의로운 전환'이 과연 실효성을 담보할 수 있을지에 대한 고민이 깊어지는 것이다.

특히 우리나라와 같이 중후장대 제조업 국가에서는 더욱 심각한 이슈이다. 선퇴출 후대응의 방식은 추후에 현재도 잃고 미래도 잃는 우를 범할 수 있다. 현 체제에서 확보한 자금으로 미래를 준비해야 한다. 예를 들어 현재 에너지산업이 마련해주고 있는 에너지특별회계와 전력산업기반기금으로 미래에 투자해야 하는 것이 현실인 것이다. 따라서 단절적인 전환이 아니라 '조화로운 전환'이 필요한 것이다.

조화로운 전환의 핵심은 현 체제를 유지하면서 거기서 비롯된 자금으로 미래에 투자하는 것이다. 원전과 신재생에너지에 기반하는 저탄소의 에너지 체계와 이에 기반한 디지털화된 전기차, 수소트럭 주도와 조선, 철강, 석유화학 등 전통제조업의 혁신을 도모하는 것이다. 쉽게 말해서 빠듯한 살림에서 상당 기간 전통과 혁신의 두 집 살림을 꾸려나가야 한다. 돈은 더 필요하다. 이를 관철시킬 유일한 해법은 에너지 체계와 제조업의 혁신을 도모할 민간이 주도하는 과감한 '혁신투자'이다.

그러면 두 번째 이슈인 누구를 주공으로 내세울 것인가를 살펴보자. 현재는 민간이다. 그 중에서도 기후대응 기술의 규모를 생각할 때 현실적으로 대기업의 역할이 필요하다. 그러나 이는 우리나라에서 다시 자동적으로 대기업 특혜 시비로 비화된다. 그리고 다시 해묵은 낙수효과 논쟁이 유발될 것이다. 그런 면에서 대기업의 이익과 국익을 일치시키는 제도의 고민이 필요하다. 우크라이나 사태로 인하여 국제사회의 잔인한 현실이 모습을 드러낸 상태에서 그럼 그 '착한 ESG'는 계속 살아남을 수 있을까? 그들이 국내와 글로벌에서 마음껏 힘을 발현할 수 있는 아주 효과적이고 투명한 근거가 바로 ESG이므로 이것은 계속되어야 한다. 결론적으로 이 모럴은 어지러운 전국시대에서도 그 역할을 수행할 것이라고 생각한다. 진정한 ESG(아니면 CSR, 하여간 이름이 무엇이건)만이 국민의 지지를 얻을 수 있기 때문이다. 그리고 또한 자국이기주의, 보호주의무역 하에서도 모럴(ESG와 같은)은 추상적이지만 최종적으로 경쟁력을 확보하는 데 기여할 것이다.

그런데 민간이 효율적으로 경쟁국의 기업과 경쟁하기 위해서는 공공의 역할이 중요하다. 공공은 민간이 투자하기에 앞서 인허가, 안전, 주민 협상 등의 장애요인들을 선제적으로 해소해주는 적극적인 역할을 수행해야 한다. 이러한 공공의 전투 공병 역할은 민관의 협업에서 적절한 역할이 될 것이고, 우리나라의 공공은 이러한 일들을 처리할 잠재력을 갖고 있다. 또한 공공은 혁신적인 수요를 창출해주어야 한다. 이러한 수요를 통하여 우리 기업들은 보다 안정적으로 기술혁신에 매진할 수 있다. 현재의 인허가 방식과 수익률 결정방식으로는 투자가 불가능하다. 이러한 시스템 역시 공공이 감당해야 하는 주요한 역할이다. 이렇게 공공은 우리 기업들이 혁신할 수 있는 여건을 만들어주어야 한다. 그리고 또한 소비자들도 어느 정도의 비용을 지불할 각오를 해야 한다. 모든 나라의 정부와 공공은 이러한 일들을 하고 있다. 선진국의 외교관들 역시 이런 일들을 수행하고 있다. 그런 면에서 공공은 다른 경쟁국의 공공보다 더 빠르게 이러한 일들을 수행해야 한다.

이를 위해서는 고도의 투명성과 전문성으로 공공 부문을 무장시켜야 하는데 이것 자체가 지난한 개혁의 과정이기도 하다. 그러나 다행히도 이러한 어려움은 다른 나라도 마찬가지이다. 그들보다 조금 더 빠르게 걸어가는 용기만 있다면 의외의 성과를 거둘 수 있다. 현 정부는 이 문제에 대해 다행히도 적극적이다. 다시 한번 강조하지만 탄소중립을 위하여 우리나라는 우리의 생존 기반인 제조업의 지위를 유지하면서 전환을 시도하는, 철저히 국익 기반의 정책을 추구해야 한다. 이처럼 우리나라에 적합한 전략만이 전 지구적인 과제인 탄소중립에 실효적으로 기여하고 현재의 경제위기에도 실천적으로 대응할 수 있는 것이다.

　마지막으로 전환의 속도이다. 우리는 기존과 미래의 체계를 적대적으로 보는 경향이 있다. 그러나 우리는 '싸우면서 건설하는' 경험을 가지고 있다. 그것도 엄청난 속도로 추진하였다. 우리의 전환 속도는 '다이나믹 코리아'와 '빨리빨리'라는 상징어로 대변되고 있다. 우리는 빠르다. 결국 그린 레이싱 역시 속도가 중요하다. 속도는 우리나라만의 고유한 경쟁력의 요체이다. 전두환 정부 시절에 추진한 가스 도입이 대표적인 사례이다. 가스 도입에 대한 정책 결정, 가스 도입 계약, 가스 파이프 등 인프라 구축, 가스공사와 도시가스회사 설립 등 행정체계 구축, 대규모 가스 수요 창출 등의 과정을 신속하게 처리해내는 실력을 보여준 바 있다. 말 그대로 전광석화의 속도로 가스화를 추진하였다. 이는 향후 수소사회 구축 등에서 그 역량이 발휘되기를 기대해본다. 이러한 속도전의 핵심은 물론 과감한 투자이다. 그러나 전략적으로 본다면 이 역시 다양한 인프라에 대한 과감한 투자의 측면이 있다.

이러한 과감한 투자의 근저에는 역시 연료 다변화 정책에 대한 확고한 결단이 존재한다. 단기적으로는 중복투자의 우려가 다소 있기는 해도 중장기적으로는 연료 다변화를 통한 에너지안보의 증대, 그리고 소비자들의 고급 에너지에 대한 욕구를 해소해주겠다는 정치적·국민적 안목이 자리하고 있는 것이다. 강력한 연료 다변화 정책은 대한민국 에너지정책의 핵심이다. 그리고 굳건한 다변화 기조가 투자를 담보하는 것이고, 그 믿음으로 전환의 속도가 다시 담보되는 것이다. 이러한 다변화를 밀고 나가는 용기 있는 리더십이 더욱 그리워지는 시대이다. 그래서 조화로운 전환의 핵심은 굳건한 다변화 기조와 이에 따른 빠른 속도전이다. 전격전과 같은 빠른 전환으로 경쟁국을 압도해야 한다. 우리는 이를 통하여 탄소중립 달성과 제조업 혁신이라는 두 마리 토끼를 잡는 나라가 될 것이다.

첨언하자면 그린 레이싱에서 성공의 관건은 결국 국민적 동참 여부에 있다는 점을 강조하고자 한다. 그런 면에서 현재는 그 성취가 소홀히 대접받고 있지만 우리나라만의 그린 레이싱의 가장 대표적인 자랑거리가 있다. 산림녹화사업이 그것이다. 1960년대 영화를 보면 배경에 민둥산을 흔히 볼 수 있다. 땔감이 필요했기에 산의 나무들이 모조리 베어져버린 것이다. 그러나 우리는 한 그루 한 그루 나무를 심어서 지금의 푸른 숲과 산을 만들었다. 말 그대로 한 그루 한 그루 심었다. 필자는 초등학교 시절 식목일에 산으로 들로 나가 나무 심기뿐 아니라 틈틈이 송충이 잡는 일에 동원되곤 하였다. 그리고 아주 빠른 속도로 우리는 전 국토의 산들을 푸르게 만들었다. 이러한 성취야말로 그 당시에 우리가 달성한, 전 세계에 자랑할 만한 그린 레이싱의 한 예이다.

글을 마치며

지금껏 우리의 성취와 위기를 살펴보았다. 우리는 단군 할아버지가 나라를 세운 이후 가장 빛나는 성취를 이루었다. 그리고 앞으로 우리에게 다가올 위기를 살펴보았고 그 중에서도 가장 심각한 기후변화에 대해서도 알아보았다. 우리의 제조 강국의 지위를 유지하기 위한 방안도 살펴보았다. 그 중에서 우리의 부를 유지하는 데 가장 위협적인 세 가지 내부의 적도 규정해보았다. 우리는 변화하는 여건 속에서 우리의 일상과 부를 유지하고 지켜내야 한다. 그러기 위하여 한 번 더 중요한 사안을 마무리로 정리해본다.

우리도 2050 탄소중립의 기조 하에서 30년짜리 장거리 레이싱을 시작해야 한다. 그린화는 우리가 잘 해왔던 종목이기도 하다. 우리는 해낼 것이다. 그러면 더 강력하고 더 안정적이고 더 인간적인 대한민국을 즐길 수 있으며, 우리가 혁신에 성공하여 그린 레이싱의 승자가 된다면 인류 공동의 목적에도 충실하게 기여하는 명실상부 선진국이 될 것이다. 우리 기업들은 글로벌시장에서 경쟁하고 있기 때문에 이미 기꺼이 참전하고 있다. 그런데 내수시장에서의 경험과 트랙 레코드, 일정 규모의 수요 등은 우리 기업이 글로벌시장에서의 경쟁에 매우 필수적인 조건이다. 따라서 정부가 내수시장을 잘 활용하여 우리 기업의 경쟁력을 높여주는 것은 매우 필요하다. 우리도 미국 IRA법에 대응하여 유럽이 했던 것처럼 강력한 기업친화적 조치가 필요하다. 그런데 오히려 현재 기후와 관련한 대한민국의 내수시장과 관련한 정책은 어수선하다. 이는 자칫 우리 기업이나 해외투자자에게 혼란만 야기하는 우를 범할 수 있다. 이것이 바로 현재 진행 중인 위기인 것이다.

물론 기후문제 말고도 앞으로 우리에겐 고령화, 인구절벽, 연금 고갈, 정치적 갈등, 남북 군사 위기 등 매일매일 뉴스나 유튜브에서 쏟아져 나오는 수많은 어려움과 시련이 있을 것이다. 하루하루, 그리고 매년 그러할 것이다. 전술한 바와 같이 우리는 그러한 과정을 극복하며 현재의 성취를 거둔 것이다. 지금 맞이할 위기는 그 궤를 달리한다. 그 무수한 갈등 속에서 우리가 진보니 보수니 하는 편가름 속에서도 분명한 공감대를 확보해야 하는 덕목이 있다. 지금껏 우리가 알토란처럼 키워온 제조역량을 유지하고 혁신해야 우리의 부를 지키고 키울 수 있다는 공감대가 그것이다. 동시에 여전히 막대한 에너지를 소비해야 하는 제조역량을 먹여 살리기 위한 에너지자원의 확보는 더욱 절실하다. 원자력, 수요관리, 재생에너지와 같은 자주적 자원의 확보 노력은 매우 필요하며 수소에너지와 같은 혁신적 자원 역시 우리에게 적합한 변신의 재료가 될 것이다. 향후 기후 등으로 더욱 취약해질 가능성이 커진 에너지자원의 안보를 특별한 경각심을 갖고 지켜내야 한다. 이 두 가지 덕목은 여야가 있을 수 없다. 그러면 우리는 더 발전할 것이 분명하다. 우리는 이 두 가지 핵심 자산을 이어 나가야 한다. 그래야 살아남을 수 있다. 이것은 우리나라의 기적과 같은 발전의 전제였고 현재는 우리의 부를 유지시켜줄 가장 소중한 자산이다.

그런데 이 전쟁에서 승리하기 위해서는 몇 가지 중요한 합의가 요구된다. 하나는 그린 레이싱에 국가 차원의 막대한 투자가 필요하며 이를 가장 효율적으로 실천하기 위해서는 에너지요금의 정상화 혹은 그 이상의 부담을 각오해야 한다. 시장 기반의 에너지요금 정상화는 일시적으로는 전통제조업의 경쟁력 저하, 인플레이션에 대한 압박, 그리고 국민의 일상에 대한 부담으로 작동하는 것은 분명하다. 그러나 에너지요금의 정상화는 결국 산업 육성, 일자리 창출과 최종적으로는 에너지 안보와 부담의 경감에 기여할 것이다. 이 두 가지 균형에서 이제 기후시대에 적합한 새로운 균형을 찾아야 한다. 일부 기업, 특히 대기업에 대한 특혜 시비가 발생할 가능성이 크다. 이제 우리는 다시 한번 더 선택을 해야 한다. 이제 다소 비싸도 유기농 에너지로 우리 사회를 유지해야 한다. 이에 대한 소비자들의 동의가 필요하다.

그리고 또 하나의 관건은 에너지믹스를 둘러싼 정쟁에서 자유로워져야 한다. 지난 문재인 정부의 탈핵과 같은 과도한 편향성은 그간 대한민국의 에너지 다변화정책과 위배되는 것이다. 한편 현재 진행 중인 재생에너지에 대한 홀대 역시 심각한 문제를 야기한다. 에너지안보와 기후대응을 위해서는 친환경적인 지속적인 에너지 다변화정책이 유지되어야 한다. 이를 위해서는 다변화정책에 대한 국민의 정치적 지지가 확고해야 한다. 이러한 문제가 해결되면 에너지정책과 산업정책의 유연성이 담보되면서 우리나라는 다시 한번 제조업 강국의 지위를 더 높일 수 있을 것이다.

우리는 에너지 시스템을 개편하고 동시에 에너지정책을 신산업정책으로 재무장하여 제조산업을 무장시켜야 한다. 이를 위하여 우리는 에너지정책과 에너지 시스템을 혁신해야 한다. 다른 나라보다 더 빠르게 더 혁신적으로 변화해야 한다. 우리나라의 수많은 에너지계획체계와 시장체계는 혁신되어야 한다. 이를 통하여 사업자들이 마음껏 투자할 수 있는 분위기를 제공해야 한다. 하지만 현재 우리의 대응은 심히 우려스럽다. 국내의 정쟁에 휘말려 임진왜란 전야제와 같은 서늘한 느낌이 든다. 그 대단한 애플이나 아마존 등 실리콘밸리의 글로벌 테크 컴퍼니들도 우크라이나 사태에 의한 에너지자원의 복잡성으로 인하여 그 활동이 바로 위축되고 있지 않은가. 기후대응이 본격화되면 이러한 추세는 더욱 강화될 것이 분명하다. 이제 전 세계가 에너지정책이 산업정책인 시대에 돌입했다. 이것이 그린 레이싱의 실체이고 요체이다. 우리는 오히려 퇴보하고 있다.

우리나라 에너지계는 그동안 공장과 국민에게 에너지를 안정적으로 공급하는 전통적인 임무를 성공적으로 수행해왔다. 그러나 기후시대에 에너지의 임무는 더욱 확장되었다. 에너지계의 '확장된 임무'는 우선 전반적인 우리나라 에너지의 물적 인프라와 에너지믹스를 더욱 고효율의 저탄소형으로 교체하는 것이다. 동시에 관련 기술을 제공하는 제조산업의 그린화를 촉진시켜주어야 한다. 그리고 이러한 모든 과정의 과감하고 신속한 전환을 지지하고 협조해주어야 한다. 한 마디로 우리나라의 에너지 수급을 안정적으로 책임지면서 동시에 우리 제조업의 그린 레이싱을 지지하고 선도해주어야 하는 것이다. 이것이 앞으로 우리 에너지계의 새로운 '확장된 임무'이다.

앞서 이야기한 세 가지 적을 극복하는 것은 모든 것의 전제이다. 앞서 강조한 바와 같이 기후변화의 파고에서 대한민국의 제조업을 지키고 더 나아가 제조업의 그린화와 혁신으로 더 공고한 선진국으로 나아가려면 소비자와 국민의 절대적인 지지가 필요하다. 소비자들은 정치의 포퓰리즘에 흔들리지 말고 에너지에 대한 정당한 비용을 지불할 의사를 명확히 해주어야 한다. 국민들도 에너지 모노칼라들에게 표를 주지 않을 것임을 분명히 해주어야 한다. 그리고 정부의 각종 계획 수립과 관련하여 특히 전문가그룹의 역할 역시 중요하다. 정부를 상대로도 어용이 되지 말아야 한다. 소비자, 국민, 그리고 전문가가 보다 헌신적인 모습으로 그린 레이싱을 보호하고 지지해주어야 한다. 나머지는 공공과 민간의 몫이다.

　그린 레이싱으로 혁신과 투자를 극대화하면 분명히 우리는 더 높은 수준의 선진국이 될 것이다. 그리고 이러한 혁신을 통해 대한민국의 이익을 극대화하려는 국익우선주의는 결국 인류 공동의 과제인 기후변화 대응에서도 크게 기여할 것이다. 혁신적인 투자로 국익을 극대화하는 것이 바로 인류와 북극곰을 동시에 위한 길이기도 하다. 그것이 진정한 선진국이다. 우리는 해낼 것이다.

INDEX

: 이에 따라 다양한 재원 구조가 발생

예) 요금과 세금 구조

– 그리고 우리나라 소비자가 지불하는 외환비용

: 석유 수입, 가스 수입 등등

〈〈참고자료〉〉 국가별 에너지비용 비교

〈〈참고자료〉〉 외부성 이론과 자료들

〈〈참고자료〉〉 그리드 패리티

〈〈그림, 참고자료〉〉 연료 전환 시마다 발생하는 가격균형점의 이동

〈〈참고자료〉〉 에너지와 기후 관련법상 계획들

〈〈참고자료〉〉 시장들 CBP, ETS, RPS, HPS 등등

그린 레이싱

초판 1쇄 발행 2023. 04 ㅣ 2쇄 발행 2023. 05. 12
지은이 김창섭
발행인 이아영
편집인 윤철오
디자인 황혜진
인쇄 SDWork

주소 : 서울특별시 서초구 남부 순환로 2311-12 아트힐 102-801
전화 : 02-525-1209
발행처 : 세상의 책
출판 신고일 : 2018. 11. 29
홈페이지 : www.theworldbooks.co.kr